U0358733

第三次全国农作物种质资源普查与收集

山西省黍稷种质资源图鉴

王纶 著

中国农业科学技术出版社

图书在版编目（CIP）数据

山西省黍稷种质资源图鉴 / 王纶著 . -- 北京：
中国农业科学技术出版社，2025. 1. -- ISBN 978-7
-5116-7255-1

Ⅰ. S516.024-64

中国国家版本馆 CIP 数据核字第 2025WT3279 号

责任编辑　陶　莲
责任校对　王　彦
责任印制　姜义伟　王思文

出 版 者　中国农业科学技术出版社
　　　　　北京市中关村南大街 12 号　邮编：100081
电　　话　（010）82109705（编辑室）（010）82106624（发行部）
　　　　　（010）82109709（读者服务部）
网　　址　https://castp.caas.cn
经 销 者　各地新华书店
印 刷 者　北京地大彩印有限公司
开　　本　210 mm×297 mm　1/16
印　　张　19.25
字　　数　400 千字
版　　次　2025 年 1 月第 1 版　2025 年 1 月第 1 次印刷
定　　价　358.00 元

作者简介

王纶：研究员，1996年毕业于山西农业大学，农学硕士，现任中国农学会杂粮分会委员，中国作物学会粟类作物专业委员会委员，国家农作物种质资源保护与利用项目、国家科技资源共享服务平台项目黍稷专项负责人。现在山西农业大学农业基因资源研究中心主要从事黍稷作物研究工作。任职期间，获国家科技进步一等奖1项，国家科技进步二等奖1项，山西省科技进步二等奖1项、三等奖1项，山西省农村技术承包二等奖2项；主持育成'晋黍7号''品糜1号''品黍1号''品黍2号''品黍3号''品黍7号'等黍稷新品种；出版《中国黍稷种质资源研究》《黍稷种质资源描述规范和数据标准》等8部著作；在《植物遗传资源学报》《中国种业》等国内学术刊物上发表研究论文50余篇。

内容提要

　　黍稷是起源于我国的古老作物，是我国北方各省（区）人民不可缺少的主要小杂粮，具有抗旱、耐瘠、生育期短、抗逆性强的特点。山西省地形地貌复杂，气候类型多样，农耕历史悠久，是黍稷的起源和遗传多样性中心，也是黍稷的主产区。在全国第三次农作物种质资源普查收集行动中，山西省共收集到黍稷种质资源537份。为了充分展示此次普查收集的丰硕成果以及山西省黍稷种质资源丰富的遗传多样性，提升山西省黍稷种质资源的有效共享和研究利用水平，特编撰《山西省黍稷种质资源图鉴》一书。全书介绍了每份黍稷种质的名称，收集时间、地点，主要特征、特性等内容，并附有植株群体、穗子和籽粒的彩色图片，直观形象地反映了每份黍稷种质资源的特点及相关信息。该书可供黍稷教学、科研、生产、食品加工等人员参考应用，对全国第三次普查收集的黍稷种质资源进一步的整理研究，也具有一定的指导意义和参考价值。

序

　　黍稷是起源于我国的古老作物，曾在人类历史的特定阶段，对人类的繁衍生存发挥过重要的作用。时至当代，黍稷在人类生活中的位置虽然被小麦、水稻、玉米等高产作物所取代，但仍然是人们不可缺少的调剂食粮。特别是我国北方干旱地区，黍稷特有的抗旱、耐瘠、耐盐碱和生育期短的特性，在我国旱作农业、盐碱地开发利用和救灾补种中发挥着不可替代的作用。

　　我国有组织的黍稷科研起步较晚，始于20世纪80年代初，由山西省农业科学院农作物品种资源研究所牵头，组织全国黍稷种质资源科研攻关协作队伍，到"七五"期间正式列入国家科技攻关项目，历经40余年，系统完成了黍稷种质资源的收集、保存、研究、创新和利用的各项任务。到2024年12月底，国家长期种质库保存黍稷种质资源11731份，国家中期种质库保存黍稷种质资源9890份，居世界第一位。种质资源的类型繁多，丰富多彩，包括野生种、野生近缘种、地方品种、选育品种、品系、遗传材料等。仅粒色就有17种之多，堪称世界上最完整的黍稷种质资源基因库。在研究过程中，完成了6000余份黍稷种质资源的品质鉴定、耐盐性鉴定和抗黑穗病鉴定，筛选出254份优异种质资源供育种、生产利用。优异种质提供全国育种单位利用后，又相继培育出80余个黍稷新品种在全国各地大面积推广；建立了黍稷种质资源数据库和图像数据库，为黍稷种质资源的共享利用提供了更加快捷、方便的条件；积累了大量珍贵的数据资料，出版了《中国黍稷品种资源目录》1~5册，《中国黍稷品种志》《中国黍稷》《中国黍稷论文选》《中国黍稷种质资源特性鉴定集》《中国黍稷优异种质资源的筛选利用》《黍稷种质资源描述规范和数据标准》《中国黍稷种质资源研究》等专著23部，在专业期刊发表相关论文150余篇。

　　山西省是我国发现原始人类最早生存的地区，也是原始农业的起源中心之一，在北方人类最早驯化种植的农作物就是黍稷，在漫长的农耕历史中形成了大量丰富多彩、类型多样的种质资源。我国于2015—2023年全面开展的第三次农作物种质资源的普查收集行动中，全国共收集到黍稷种质资源1948份，山西省收集到黍稷种质资源537份。为了充分展示此次普查收集的丰硕成果以及山西省黍稷种质资源丰富的遗传多样性，提升山西省黍稷种质资源的有效共享和研究利用水平，山西农业大学农业基因资源研究中心黍稷种质资源研究课题组编撰了《山西省黍稷种质资源图鉴》一书。全书展示了在山西省收集的黍稷种质资源共计 537 份，每份均介绍了种质名称，收集时间、地点，主要特征、特性和在当地的优异性状等内容，并附有植株群体、穗子和籽粒的彩色图片（正常出苗种质），直观形象地反映了每个黍稷种质资源的特征、特性和相关信息。该书主题突出、层次分明、数据详实、图文并茂，理论与实践兼顾，对当前黍稷种质资源的生产利用具有一定的指导意义，也可作为黍稷作物在教学、科研、生产、食品加工等行业的参考资料。对全国第三次普查收集的黍稷种质资源，开展进一步的整理研究，也有一定的指导意义和参考价值。

山西农业大学二级研究员

前　言

　　随着人口的增长、城镇化进程的加快和全球气候的变化，确保粮食安全已经成为国家重大的战略需求。农作物种质资源对粮食安全、农业可持续发展和乡村振兴都具有十分重要的现实意义。党中央、国务院高度重视种质资源保护与利用工作。习近平总书记多次强调要把种源安全提升到国家安全的战略高度，亲自部署开展了中央种业振兴行动，明确"一年开好头、三年打基础、五年见成效、十年实现重大突破"的总体安排。农业种质资源保护利用是种业振兴行动的重要内容，资源普查是"三年打基础"的首要任务。为此，我国在继 1956—1957 年开展第一次普查收集行动和 1979—1980 年开展第二次普查收集行动后，于 2015—2023 年又全面开展了第三次农作物种质资源的普查收集行动。这次普查收集行动在各级党委和有关部门单位的大力支持下，以"应查尽查，应收尽收，应保尽保"为目标，上下协同、攻坚克难，如期完成了第三次全国农作物种质资源普查与收集行动的各项任务。此次普查收集行动共收集到种质资源 13.9 万份，极大丰富了我国种质资源战略储备，保存资源的多样性和覆盖面得到明显拓展，一批珍稀濒危资源得到抢救性保护，一批优异资源被挖掘利用。同时也全面摸清了我国种质资源家底，为新形势下切实把资源优势转化为创新优势、产业优势，为加力、加快推进种业振兴打下了坚实的资源基础。

　　黍稷是起源于我国的古老作物，是我国北方各省（区）人民不可缺少的主要小杂粮，具有抗旱、耐瘠薄、抗逆性强的特点。此次普查收集行动全国共收集到黍稷种质资源 1948 份，主要分布在长城沿线的 11 省（区）。为了使这批种质资源得到持久安全保存与有效利用，山西农业大学农业基因资源研究中心作为全国黍稷种质资源研究项目的牵头单位，对这批资源开展了繁殖更新、农艺性状鉴定和编目入库等工作。在繁殖更新过程中，对每份种质完成了 50 项农艺性状鉴定调查，同时完成了每份种质图像数据的采集，建立了由植株群体、穗子和籽粒组成的图像数据库。鉴定和编目后的种质全部入国家长期种质库和中期种质库贮存，鉴定数据也全部输入国家数据库贮存利用。截至 2024 年 12 月，国家长期种质库共保存黍稷种质资源 11731 份。

　　山西省地形地貌复杂，气候类型多样，农耕历史悠久，是黍稷的起源和遗传多样性中心，也是黍稷的主产区。在山西省万荣县荆村新石器时代的遗址中，曾经发现烧焦的黍穗，由此推断，山西省种植黍稷最少也有 5000 年的历史。在漫长的农耕历史中，形成的黍稷种质资源也极其丰富。据1956—1957年山西省农作物种质资源第一次普查征集统计，共征集到黍稷种质资源759份，遗憾的是因贮存管理不善，这759份种质全部丧失发芽率，造成了不应有的损失。1980—1981年山西省开展第二次种质资源普查征集，共征集到黍稷种质资源1419份，同时对收集到的黍稷种质资源进行整理、研究，对同名同种、异名同种的种质以县为单位进行了归并，归并后的种质为1191份，这些种质全部进行编目，同步入国家种质长期库、中期库和山西省种质资源中期库保存，得到了有效的保护和利用。2020年5月，山西省全面启动第三次全国农作物种质资源普查与收集行动，到2023年12月底，共收集到黍稷种质资源537份。覆盖了山西省11个市的117个县（市、区），从北到南分别是：大同38份、朔州28份、忻州89份、吕梁59份、阳泉18份、太原33份、晋中60份、长治63份、临汾80份、晋城39份、运城30份。从种质分布情况来看，黍稷在山西省的主产区主要集中在大同市、朔州市、忻州市和吕梁市，分布区域最多的是忻州市，最少的是运城市。从生态类型来看，收集种质覆盖范围内整体气候类型属温带大陆性季风气候，地形地貌也复杂多样，有山地、丘陵、台地、平原等。海拔从最低427m（运城市盐湖区金井乡）到最高1678.7m（朔州市平鲁区阻虎乡）。南北的无霜期相差两个月还多，≥0℃的积温相差1000℃以上，年降水量相差300mm左右。种植土壤有黄壤土、褐土、粟黄土、红土、黄砂土等类型。本次收集到的黍稷种质以地方品种为主。从粳糯性来看，收集到的种质有糯性的黍和粳性的稷；从粒色上看，有红、黄、白、褐、灰、复色（不同的两种颜色）17种；从生育期来看，有特早熟（＜90d）、早熟（90～100d）、中熟（100～110d）、晚熟（110～120d）、极晚熟（≥120d）5种；从粒型来看，有球圆、卵圆和长圆3种；从籽粒大小来看，有大粒（千粒重≥8g）、中粒（千粒重6～8g）和小粒（千粒重＜6g）3种。此次收集的黍稷种质资源实现了全省主要区域生态类型全覆盖，各地黍稷种质也做到了"应收尽收"。

此次开展的普查收集行动，重点针对偏僻的山区和交通闭塞地区。在普查收集过程中，可以发现随着城镇化的进一步发展和农村的搬迁改造，一些古老的村落也逐渐淡出了人们的视野，大量古老地方品种也随之消失，黍稷是典型的作物之一。通过此次的普查和系统调查收集，抢救回一批濒临灭绝的黍稷种质资源，其中包括一批具有地方特色的优异种质，如代县收集到适用酿造黄酒的特色种质'一点红白黍子'，岢岚县收集到的生育期短，只有60d，并且抗逆性极强的特早熟种质'小青糜子'，繁峙县收集到的抗落粒性强、抗倒性强的种质'气死风白黍子'，河曲县收集到长久以来适合做稷米酸粥用的'红糜子'，高平市收集到适宜当地群众做稷米干饭用的种质'黄硬黍'，五台县收集到黏糕用优良种质'黏糜子'，原平市收集到的口感品质上好的'紫秆红'黍子，武乡县收集到稀有的白米粒种质'黎糜子'等。这些特色黍稷种质在历史上均久负盛名，但是随着生态环境和种植业结构的变化，目前栽培面积逐步萎缩，有的处于严重濒危灭绝状态。

通过山西省第三次全国农作物种质资源普查与系统调查收集行动的抢救性收集，不仅丰富了黍稷种质资源的遗传多样性，同时也进一步满足了人民对小杂粮食品多样性的需求。

为了充分展示此次普查与收集行动的丰硕成果，以及山西省黍稷种质资源丰富的遗传多样性，提高山西省黍稷种质资源的有效共享和研究利用水平，山西农业大学农业基因资源研究中心黍稷种质资源研究课题组编撰了《山西省黍稷种质资源图鉴》一书。全书展示了在山西省收集的黍稷种质资源共计 537 份，每份种质均介绍了种质名称，收集时间、地点，主要特征、特性和在当地的优异性状等内容，并附有植株群体、穗子和籽粒的图片（正常出苗种质）。入编书中的种质均以山西省行政区划从北到南的顺序排列，从最北部的大同市开始到最南部的运城市终止。黍稷有两种类型，糯者为黍，粳者为稷（糜），鉴于各采集地对黍稷名称的不同称谓，本书对称黍实为"糜"或"稷"的，在其名称后加括号，标明"稷"；对称糜或稷实为"黍"的，在其名称后加括号，标明"黍"，以进一步明确该种质的类型。对于繁种中未出苗的种质（共计 70 份）仍编入书中，配附的文字、图片等资料均来源于采集地，目的是全面完整地反映在全国第三次农作物种质资源普查收集中山西省黍稷种质资源的多样性全貌。对这些失去活力的黍稷种质，课题组下一步也会到采集地进行补充收集，最大限度地避免此类种质的灭绝和丢失。

本书的编写，力求结构层次分明、数据详实可信、图片清晰美观。旨在为开展黍稷科研、育种、教学、生产和食品加工的单位和人员提供有价值的借鉴和参考，也为下一步编写全国第三次普查收集黍稷种质资源的相关资料奠定基础。

本书是在全国第三次农作物种质资源普查项目（19210889，19230817）、国家农作物种质资源保护与利用项目（19211206，19221846，19230854，19240451）、国家科技资源共享服务平台项目（NCGRC-27）、山西省重点研发计划项目（2022ZDYF110-2）、山西农业大学育种工程项目（YZGC150）的专项经费资助下，在农业农村部、中国农业科学院、山西省农业农村厅、山西农业大学等单位和各位领导、同仁的大力支持和帮助下编撰完成的，在此向他们表示最诚挚的谢意。由于时间比较仓促，加之水平有限，书中出现的不足和疏漏之处在所难免，敬请各位专家、同仁和读者批评指正。

著　者
2025 年 1 月

目　录

一、大同市

二、朔州市

三、忻州市

四、吕梁市

五、阳泉市

六、太原市

七、晋中市

八、长治市

九、临汾市

十、晋城市

十一、运城市

一、大同市

1.1 黍子

采集编号：P140221034 科：禾本科 属：黍属 种：黍稷
收集时间：2020 年 收集地点：山西省大同市阳高县友宰镇东团堡村
主要特征特性：侧穗型，紫色花序，粒色白，米色黄；籽粒千粒重 7.5g，糯性，生育期 105d，属于中熟品种。田间抗旱性较强，耐寒、耐贫瘠、耐盐碱、抗病虫害，产量较低，是当地主食黏糕用品种。

图 1-1 黍子（P140221034）

1.2 小红黍子

采集编号：P140221065 科：禾本科 属：黍属 种：黍稷
收集时间：2020 年 收集地点：山西省大同市阳高县东小村镇神泉寺村
主要特征特性：侧穗型，紫色花序，粒色红，米色黄；籽粒千粒重 8.1g，属大粒品种，糯性，生育期 101d，属于中熟品种。田间抗旱性较强，耐寒、耐贫瘠、耐盐碱、抗病虫害，不抗倒伏，当地亩产量 125kg 左右。黍面做成糕色黄、口感筋糯。

图 1-2 小红黍子（P140221065）

1.3 黍子

采集编号：P140221069　　　　科：禾本科　　属：黍属　　　　种：黍稷

收集时间：2020 年　　　　　　收集地点：山西省大同市阳高县古城镇赵家村

主要特征特性：侧穗型，紫色花序，粒色白，米色黄；籽粒千粒重 7.0g，糯性，生育期 105d，属于中熟品种。田间抗旱性较强，耐寒、耐贫瘠、耐盐碱、抗病虫害，分枝较多，产量 150kg 左右，是当地主食黏糕用品种。

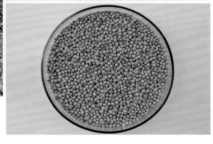

图 1-3　黍子（P140221069）

1.4 大白黍

采集编号：P140221086　　　　科：禾本科　　属：黍属　　　　种：黍稷

收集时间：2020 年　　　　　　收集地点：山西省大同市阳高县狮子屯乡苏家窑村

主要特征特性：侧穗型，绿色花序，粒色白，米色黄；籽粒千粒重 7.6g，糯性，生育期 105d，属于中熟品种。田间抗旱性较强，耐寒、耐贫瘠、耐盐碱、抗病虫害，亩产 250 ～ 300kg，是当地主食黏糕用高产优良品种。

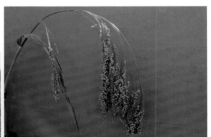
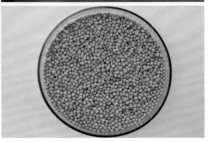

图 1-4　大白黍（P140221086）

1.5 黍子

采集编号：P140221087　　　　　科：禾本科　　属：黍属　　　　　种：黍稷
收集时间：2020 年　　　　　　　收集地点：山西省大同市阳高县下深井乡丰稔村
主要特征特性：侧穗型，绿色花序，粒色白，米色黄；籽粒千粒重 6.6g，糯性，生育期 108d，属于中熟品种。田间抗旱性较强，耐寒、耐贫瘠、耐盐碱、抗病虫害，当地亩产 150 ～ 200kg。黍米做成的糕软、色黄。

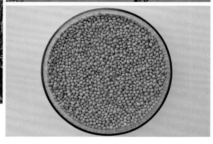

图 1-5　黍子（P140221087）

1.6 青黍子

采集编号：P140212055　　　　　科：禾本科　　属：黍属　　　　　种：黍稷
收集时间：2020 年　　　　　　　收集地点：山西省大同市新荣区花园屯乡马庄村
主要特征特性：侧穗型，紫色花序，粒色白，米色黄；籽粒千粒重 7.0g，糯性，生育期 100d，属于中熟品种。田间抗旱性较强，耐寒、耐贫瘠。籽粒蛋白质含量高，黏糕用品质好。

图 1-6　青黍子（P140212055）

1.7 白黍子

采集编号：2020142076　　　科：禾本科　　属：黍属　　种：黍稷
收集时间：2020 年　　　收集地点：山西省大同市新荣区郭家窑乡助马堡村
主要特征特性：侧穗型，绿色花序，粒色白，米色淡黄；籽粒千粒重 7.2g，糯性，生育期 80d，属于特早熟品种。丰产性好，出米率高，黍米食用软糯，是当地黏糕用主栽品种。

图 1-7　白黍子（2020142076）

1.8 小红黍

采集编号：2020142092　　　科：禾本科　　属：黍属　　种：黍稷
收集时间：2020 年　　　收集地点：山西省大同市新荣区郭家窑乡郭家窑村
主要特征特性：侧穗型，紫色花序，粒色红，米色淡黄；籽粒千粒重 8.5g，属大粒品种，糯性，生育期 80d，属于特早熟品种。丰产性好，米质软糯，是当地主食黄糕用主要品种。

图 1-8　小红黍（2020142092）

1.9 白黍子

采集编号：2020142123　　　　　　　　科：禾本科　　　属：黍属　　　　　　种：黍稷

收集时间：2020 年　　　　　　　　　　收集地点：山西省大同市新荣区新荣镇外场沟村

主要特征特性：侧穗型，绿色花序，粒色白，米色淡黄；籽粒千粒重 7.1g，糯性，生育期 83d，属于特早熟品种。丰产性好，出米率高，黍米食用软糯，是当地主食黄糕用主要品种。

图 1-9　白黍子（2020142123）

1.10 黍子

采集编号：2020142124　　　　　　　　科：禾本科　　　属：黍属　　　　　　种：黍稷

收集时间：2020 年　　　　　　　　　　收集地点：山西省大同市新荣区新荣镇张布袋沟村

主要特征特性：侧穗型，绿色花序，粒色白，米色淡黄；籽粒千粒重 7.6g，糯性，生育期 81d，属于特早熟品种。抗逆性强，丰产性好，出米率高，黍米食用软糯，是当地主食黄糕用主要品种。

图 1-10　黍子（2020142124）

1.11 黍子

采集编号：2020142146　　　　　科：禾本科　　　　属：黍属　　　　种：黍稷

收集时间：2020 年　　　　　　收集地点：山西省大同市新荣区花园屯乡太平庄村

主要特征特性：侧穗型，绿色花序，粒色白，米色淡黄；籽粒千粒重 7.0g，糯性，生育期 87d，属于特早熟品种。抗逆性强，丰产性好。出米率高，黍米品质优，食用软糯，是当地主食黄糕用优良品种。

图 1-11　黍子（2020142146）

1.12 黍子

采集编号：2020142166　　　　　科：禾本科　　　　属：黍属　　　　种：黍稷

收集时间：2020 年　　　　　　收集地点：山西省大同市新荣区花园屯乡西寺村

主要特征特性：侧穗型，绿色花序，粒色白，米色淡黄；籽粒千粒重 7.1g，糯性，生育期 88d，属于早熟品种。抗逆性强，丰产性好。出米率高，黍米食用软糯，是当地主食黄糕用主要品种。

图 1-12　黍子（2020142166）

1.13 小花糜

采集编号：P140226001　　　　科：禾本科　　属：黍属　　　　种：黍稷
收集时间：2020年　　　　收集地点：山西省大同市左云县马道头乡郭家坪村
主要特征特性：散穗型，绿色花序，粒色条灰，米色黄；籽粒千粒重5.6g，粳性，生育期66d，属于特早熟品种。田间抗旱性较强，耐寒、耐贫瘠、耐盐碱、抗病虫害，落粒性极强，产量极低。

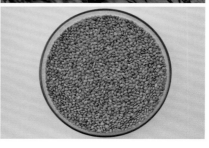

图 1-13　小花糜（P140226001）

1.14 黄糜

采集编号：P140226015　　　　科：禾本科　　属：黍属　　　　种：黍稷
收集时间：2020年　　　　收集地点：山西省大同市左云县小京庄乡韦家堡村
主要特征特性：侧穗型，绿色花序，粒色黄，米色黄；籽粒千粒重7.1g，粳性，生育期80d，属于特早熟品种。田间抗旱性较强，耐寒、耐贫瘠、耐盐碱、抗病虫害，落粒性强。产量低，一般亩产80kg左右。

图 1-14　黄糜（P140226015）

1.15 炸头黍子

采集编号：P140226020　　　　　科：禾本科　　　属：黍属　　　种：黍稷
收集时间：2020 年　　　　　　　收集地点：山西省大同市左云县水窑乡柏山村
主要特征特性：侧散穗型，绿色花序，粒色白，米色淡黄；籽粒千粒重 7.5g，糯性，生育期 105d，属于中熟品种。田间抗旱性较强，耐寒、耐贫瘠、耐盐碱、抗病虫害。当地雨养旱地种植，一般亩产 200kg 左右。

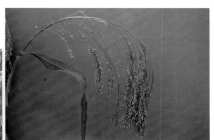

图 1-15　炸头黍子（P140226020）

1.16 黑黍子

采集编号：P140226026　　　　　科：禾本科　　　属：黍属　　　种：黍稷
收集时间：2020 年　　　　　　　收集地点：山西省大同市左云县三屯乡南辛庄村
主要特征特性：侧穗型，绿色花序，粒色褐，米色黄；籽粒千粒重 8.2g，属大粒品种，糯性，生育期 100d，属于中熟品种。田间抗旱性较强，耐寒、耐贫瘠、耐盐碱、抗病虫害，不抗倒伏。籽粒糯性好，是当地黏糕用主要品种。

图 1-16　黑黍子（P140226026）

1.17 红黍子

采集编号：P140226031　　　　科：禾本科　　属：黍属　　　　种：黍稷
收集时间：2020 年　　　　　　收集地点：山西省大同市左云县三屯乡高家窑村
主要特征特性：侧穗型，紫色花序，粒色红，米色黄；籽粒千粒重 8.6g，属大粒品种，糯性，生育期 105d，属于中熟品种。田间抗旱性较强，耐寒、耐贫瘠、耐盐碱、抗病虫害。丰产性好，产量高，一般亩产 250kg 左右，是当地主食黏糕用品种。

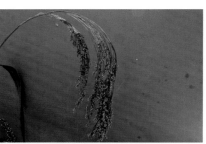

图 1-17　红黍子（P140226031）

1.18 大白黍子

采集编号：P140226044　　　　科：禾本科　　属：黍属　　　　种：黍稷
收集时间：2020 年　　　　　　收集地点：山西省大同市左云县管家堡乡张汉窑村
主要特征特性：侧穗型，绿色花序，粒色白，米色黄；籽粒千粒重 7.2g，糯性，生育期 105d，属于中熟品种。田间抗旱性较强，耐寒、耐贫瘠、耐盐碱、抗病虫害，是当地主食黏糕用品种。

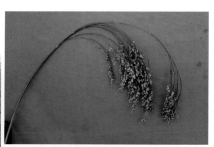

图 1-18　大白黍子（P140226044）

1.19 黍子

采集编号：P140227009　　　　　　科：禾本科　　　属：黍属　　　　　种：黍稷
收集时间：2020年　　　　　　　　收集地点：山西省大同市云州区瓜园乡东坪村
主要特征特性：侧穗型，绿色花序，粒色白，米色黄；籽粒千粒重7.0g，糯性，生育期107d，属于中熟品种。田间抗旱性较强，耐寒、耐贫瘠、耐盐碱、抗病虫害，亩产225kg左右。黍面制成的糕色泽金黄，俗称"鸡蛋黄"，是当地主食黏糕用品种。

图1-19　黍子（P140227009）

1.20 大白黍

采集编号：P140227051　　　　　　科：禾本科　　　属：黍属　　　　　种：黍稷
收集时间：2020年　　　　　　　　收集地点：山西省大同市云州区许堡乡浅井村
主要特征特性：侧穗型，绿色花序，粒色白，米色黄；籽粒千粒重7.0g，糯性，生育期110d，属于晚熟品种。田间抗旱性较强，耐寒、耐贫瘠、耐盐碱、抗病虫害。籽粒白亮，是黏糕用上好品种。

图1-20　大白黍（P140227051）

1.21 大白黍

采集编号：P140227062　　　　　科：禾本科　　　属：黍属　　　　　种：黍稷

收集时间：2020 年　　　　　　　收集地点：山西省大同市云州区吉家庄乡翁城口村

主要特征特性：侧穗型，绿色花序，粒色白，米色黄；籽粒千粒重 6.4g，糯性，生育期 102d，属于中熟品种。田间抗旱性较强，耐寒、耐贫瘠、耐盐碱、抗病虫害。品质优，籽粒糯性好，是当地主食黏糕用品种。

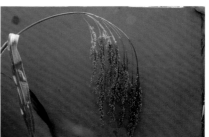
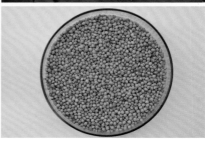

图 1-21　大白黍（P140227062）

1.22 黍子

采集编号：P140213023　　　　　科：禾本科　　　属：黍属　　　　　种：黍稷

收集时间：2021 年　　　　　　　收集地点：山西省大同市平城区卧虎湾街道陈庄村

主要特征特性：侧穗型，紫色花序，粒色白，米色黄；籽粒千粒重 7.0g，糯性，生育期 85d，属于特早熟品种。田间抗旱性较强，耐寒、耐贫瘠、不抗倒伏。面质口感筋软，是当地优良的黏糕用品种。

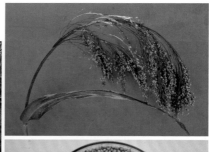

图 1-22　黍子（P140213023）

1.23 黍子

采集编号：P140213025　　　　科：禾本科　　　属：黍属　　　种：黍稷
收集时间：2020 年　　　　　收集地点：山西省大同市平城区卧虎湾街道陈庄村
主要特征特性：侧穗型，绿色花序，粒色白，米色黄；籽粒千粒重 6.9g，糯性，生育期 85d，属于特早熟品种。田间抗旱性较强，耐寒、耐贫瘠，不抗倒伏。面质口感筋软，适合做黏糕。

图 1-23　黍子（P140213025）

1.24 黄金黍

采集编号：P140213029　　　　科：禾本科　　　属：黍属　　　种：黍稷
收集时间：2021 年　　　　　收集地点：山西省大同市平城区卧虎湾街道陈庄村
主要特征特性：侧穗型，紫色花序，粒色白，米色淡黄；籽粒千粒重 7.0g，糯性，生育期 85d，属于特早熟品种。田间抗旱性较强，耐寒、耐贫瘠，产量较高。面质口感软糯，是当地黏糕用品种。

图 1-24　黄金黍（P140213029）

1.25 黄黍子

采集编号：P140213034　　　　　科：禾本科　　属：黍属　　　　　种：黍稷
收集时间：2021 年　　　　　　　收集地点：山西省大同市平城区卧虎湾街道陈庄村
主要特征特性：散穗型，绿色花序，粒色黄，米色黄；籽粒千粒重 7.9g，糯性，生育期 105d，属于中熟品种。田间抗旱性、抗倒性较强，耐寒、耐贫瘠。面质口感软糯，适合做黏糕。

图 1-25　黄黍子（P140213034）

1.26 炸天黍子

采集编号：P140213035　　　　　科：禾本科　　属：黍属　　　　　种：黍稷
收集时间：2021 年　　　　　　　收集地点：山西省大同市平城区卧虎湾街道陈庄村
主要特征特性：侧散穗型，绿色花序，粒色白，米色黄；籽粒千粒重 7.1g，糯性，生育期 100d，属于中熟品种。田间抗旱性较强，耐寒、耐贫瘠，不抗倒伏。面质口感软糯，适合做黏糕。

图 1-26　炸天黍子（P140213035）

1.27 黍子

采集编号：P140214003　　　　科：禾本科　　属：黍属　　　　种：黍稷

收集时间：2021 年　　　　　收集地点：山西省大同市云冈区口泉乡银塘沟村

主要特征特性：侧穗型，绿色花序，粒色白，米色黄；籽粒千粒重 7.1g，糯性，生育期 100d，属于中熟品种。田间抗旱性较强，耐寒、耐贫瘠。面质口感软糯，是当地主食黏糕用品种。

图 1-27　黍子（P140214003）

1.28 黑黍子

采集编号：P140214032　　　　科：禾本科　　属：黍属　　　　种：黍稷

收集时间：2021 年　　　　　收集地点：山西省大同市云冈区高山乡上碗沟村

主要特征特性：侧穗型，绿色花序，粒色褐，米色黄；籽粒千粒重 7.3g，糯性，生育期 97d，属于早熟品种。田间抗旱性较强，耐寒、耐贫瘠，当地亩产 200kg 左右。面质口感软糯，适合做黏糕。

图 1-28　黑黍子（P140214032）

1.29 红黍子

采集编号：P140214036   科：禾本科   属：黍属   种：黍稷

收集时间：2022 年   收集地点：山西省大同市云冈区平旺乡王家园村

主要特征特性：侧穗型，紫色花序，粒色红，米色黄；籽粒千粒重 8.4g，属大粒品种，糯性，生育期 92d，属于早熟品种。田间抗旱性较强，耐寒、耐贫瘠、耐盐碱、抗病虫害。籽粒品质优，亩产 250kg 左右，是当地稀有的旱地黍子品种。

图 1-29　红黍子（P140214036）

1.30 大白黍子

采集编号：P140214037   科：禾本科   属：黍属   种：黍稷

收集时间：2022 年   收集地点：山西省大同市云冈区平旺乡王家园村

主要特征特性：侧穗型，绿色花序，粒色白，米色淡黄；籽粒千粒重 7.1g，糯性，生育期 94d，属于早熟品种。田间抗旱性较强，耐寒、耐贫瘠、耐盐碱、抗病虫害。籽粒饱满，出米率高，是当地良好的黏糕用品种。

图 1-30　大白黍子（P140214037）

1.31 黑黍子

采集编号：P140214042　　　　　科：禾本科　　　属：黍属　　　　　种：黍稷
收集时间：2022 年　　　　　　　收集地点：山西省大同市云冈区平旺乡王家园村
主要特征特性：侧穗型，绿色花序，粒色褐，米色淡黄；籽粒千粒重 7.5g，糯性，生育期 84d，属于特早熟品种。田间抗旱性较强，但产量较低，是良好的救灾补种用品种。

图 1-31　黑黍子（P140214042）

1.32 大长黍

采集编号：P140214046　　　　　科：禾本科　　　属：黍属　　　　　种：黍稷
收集时间：2022 年　　　　　　　收集地点：山西省大同市云冈区平旺乡王家园村
主要特征特性：适应性广，耐旱、耐寒、产量低。（繁种未出苗，资料来源于采集地）

图 1-32　大长黍（P140214046）

1.33 黍子

采集编号：P140225041 　　　　科：禾本科 　　属：黍属 　　　　种：黍稷
收集时间：2020 年 　　　　　　收集地点：山西省大同市浑源县王庄堡镇西河口村
主要特征特性：侧穗型，紫色花序，粒色白，米色黄；籽粒千粒重 7.9g，糯性，生育期 110d，属于晚熟品种。田间抗旱性较强，耐寒、耐贫瘠、耐盐碱、抗病虫害。当地亩产 150kg 左右，在水肥条件好的情况下，增产潜力较大。

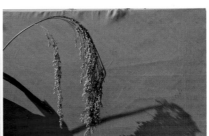

图 1-33　黍子（P140225041）

1.34 大紫秆黍

采集编号：P140223023 　　　　科：禾本科 　　属：黍属 　　　　种：黍稷
收集时间：2020 年 　　　　　　收集地点：山西省大同市广灵县斗泉乡头咀村
主要特征特性：侧穗型，紫色花序，粒色白，米色黄；籽粒千粒重 7.4g，糯性，生育期 105d，属于中熟品种。田间抗旱性较强，耐寒、耐贫瘠、耐盐碱、抗病虫害。米粒筋糯味香，是当地特色黏糕用传统优良品种。

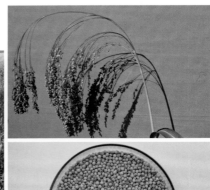

图 1-34　大紫秆黍（P140223023）

1.35 黄黍子

采集编号：P140223025　　　　科：禾本科　　　属：黍属　　　种：黍稷

收集时间：2020 年　　　　　收集地点：山西省大同市广灵县斗泉乡头咀村

主要特征特性：侧散穗型，绿色花序，粒色黄，米色黄；籽粒千粒重 8.0g，属大粒品种，糯性，生育期 110d，属于晚熟品种。田间抗旱性较强，耐寒、耐贫瘠、耐盐碱、抗病虫害。优质、高产，亩产 350kg 左右，是当地主要特色农产品。

图 1-35　黄黍子（P140223025）

1.36 青黍子

采集编号：P140223052　　　　科：禾本科　　　属：黍属　　　种：黍稷

收集时间：2020 年　　　　　收集地点：山西省大同市广灵县壶泉镇北关村

主要特征特性：侧穗型，绿色花序，粒色为白上有一点灰，米色黄；籽粒千粒重 7.8g，糯性，生育期 103d，属于中熟品种。田间抗旱性较强，耐寒、耐贫瘠、耐盐碱、抗病虫害，当地亩产 200kg 左右，属多抗高产品种。黍米做成的黏糕筋软、色黄，是当地素糕之极品。

图 1-36　青黍子（P140223052）

1.37 二紫秆黍

采集编号：P140223053　　　　　　　科：禾本科　　　属：黍属　　　　　种：黍稷
收集时间：2020 年　　　　　　　　收集地点：山西省大同市广灵县壶泉镇北关村
主要特征特性：侧穗型，绿色花序，粒色白，米色黄；籽粒千粒重 7.5g，糯性，生育期 98d，属于早熟品种。田间抗旱性较强，耐寒、耐贫瘠、耐盐碱、抗病虫害。黍米一般用于做黏糕。

图 1-37　二紫秆黍（P140223053）

1.38 黍子

采集编号：P140224014　　　　　　　科：禾本科　　　属：黍属　　　　　种：黍稷
收集时间：2020 年　　　　　　　　收集地点：山西省大同市灵丘县落水河乡徐台村
主要特征特性：侧穗型，紫色花序，粒色白，米色黄；籽粒千粒重 7.1g，糯性，生育期 107d，属于中熟品种。田间抗旱性较强，耐寒、耐贫瘠、耐盐碱、抗病虫害，不抗倒伏。

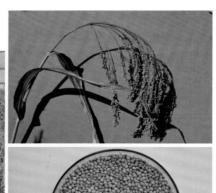

图 1-38　黍子（P140224014）

二、朔州市

2.1 糜子

采集编号：P140623005　　　　　　科：禾本科　　　属：黍属　　　　　种：黍稷
收集时间：2021 年　　　　　　　　收集地点：山西省朔州市右玉县白头里乡滴水沿村
主要特征特性：侧散穗型，绿色花序，粒色灰，米色黄；籽粒千粒重 7.2g，粳性，生育期 84d，属特早熟品种。耐旱、耐瘠薄，适合在高海拔冷凉地区种植。当地主要用于收获早熟马铃薯后的二季作复播种植。

图 2-1　糜子（P140623005）

2.2 野糜子

采集编号：P140623019　　　　　　科：禾本科　　　属：黍属　　　　　种：黍稷
收集时间：2021 年　　　　　　　　收集地点：山西省朔州市右玉县白头里乡滴水沿村
主要特征特性：散穗型，绿色花序，粒色灰，米色黄；籽粒千粒重 5.4g，粳性，生育期 77d，属特早熟品种。野生，易落粒，抗旱、耐贫瘠，生命力强，在高海拔冷凉地区均有分布。

图 2-2　野糜子（P140623019）

2.3 平鲁白

采集编号：P140603005　　　　　　科：禾本科　　　属：黍属　　　　种：黍稷
收集时间：2020年　　　　　　　　收集地点：山西省朔州市平鲁区西水界乡大路庄村
主要特征特性：侧穗型，绿色花序，粒色白，米色黄；籽粒千粒重7.5g，糯性，生育期102d，属中熟品种。丰产、优质，亩产量200kg左右，是当地主栽黏糕用品种。

图2-3　平鲁白（P140603005）

2.4 路庄糜

采集编号：P140603009　　　　　　科：禾本科　　　属：黍属　　　　种：黍稷
收集时间：2020年　　　　　　　　收集地点：山西省朔州市平鲁区西水界乡大路庄村
主要特征特性：侧散穗型，绿色花序，粒色灰，米色黄；籽粒千粒重7.1g，粳性，生育期89d，属特早熟品种。田间落粒性较强，亩产量100kg左右，多作为救灾补种品种利用。

图2-4　路庄糜（P140603009）

2.5 褐黄黍（稷）

采集编号：P140603022　　　　　　科：禾本科　　　属：黍属　　　　种：黍稷
收集时间：2020 年　　　　　　　　收集地点：山西省朔州市平鲁区高石庄乡闫哼啰村
主要特征特性：侧穗型，绿色花序，粒色黄，米色黄；籽粒千粒重 8.1g，属大粒品种，粳性，生育期
99d，属早熟品种。亩产量 200 ～ 250kg，是当地米饭用品种。

图 2-5　褐黄黍（P140603022）

2.6 小红糜（黍）

采集编号：P140603035　　　　　　科：禾本科　　　属：黍属　　　　种：黍稷
收集时间：2020 年　　　　　　　　收集地点：山西省朔州市平鲁区井坪镇安西社区
主要特征特性：侧穗型，紫色花序，粒色红，米色黄；籽粒千粒重 8.7g，属大粒品种，糯性，生育期
98d，属早熟品种。植株分蘖力强，亩产 100kg 左右，可用于救灾补种。

图 2-6　小红糜（P140603035）

2.7 黑紫糜（黍）

采集编号：P140603037　　　　　科：禾本科　　　属：黍属　　　　　种：黍稷
收集时间：2020 年　　　　　　　收集地点：山西省朔州市平鲁区井坪镇安西社区
主要特征特性：侧穗型，绿色花序，粒色褐，米色黄；籽粒千粒重 8.2g，属大粒品种，糯性，生育期 99d，属早熟品种。植株分蘖力强，亩产 90kg 左右，可用于救灾补种。籽粒用于做黏糕，作为主粮食用。

图 2-7　黑紫糜（P140603037）

2.8 平鲁一点黄

采集编号：P140603039　　　　　科：禾本科　　　属：黍属　　　　　种：黍稷
收集时间：2020 年　　　　　　　收集地点：山西省朔州市平鲁区井坪镇安西社区
主要特征特性：侧穗型，绿色花序，粒色为白上有一点黄，米色黄；籽粒千粒重 8.2g，属大粒品种，糯性，生育期 109d，属中熟品种。植株分蘖力强，产量高，亩产 225kg 左右。籽粒品质优，是当地黏糕用主栽品种。

图 2-8　平鲁一点黄（P140603039）

2.9 白糜子（黍）

采集编号：2021142211　　　　　　　科：禾本科　　　属：黍属　　　　　　种：黍稷
收集时间：2021 年　　　　　　　　　收集地点：山西省朔州市平鲁区向阳堡乡向阳堡村
主要特征特性：侧穗型，绿色花序，粒色白，米色黄；籽粒千粒重 6.9g，糯性，生育期 82d，属于特早熟品种。丰产性好，出米率高，是当地黏糕用主栽品种。

图 2-9　白糜子（2021142211）

2.10 小青糜

采集编号：2021142212　　　　　　　科：禾本科　　　属：黍属　　　　　　种：黍稷
收集时间：2021 年　　　　　　　　　收集地点：山西省朔州市平鲁区向阳堡乡向阳堡村
主要特征特性：侧散穗型，绿色花序，粒色为条灰色，米色黄；籽粒千粒重 6.8g，粳性，生育期 80d，属于特早熟品种。产量低，亩产 100kg 左右。在当地作为早熟马铃薯茬的复播品种，糜米食用以做窝窝头为主。

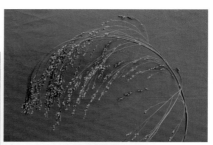

图 2-10　小青糜（2021142212）

2.11 白糜子

采集编号：2021142213   科：禾本科   属：黍属   种：黍稷

收集时间：2021 年   收集地点：山西省朔州市平鲁区向阳堡乡向阳堡村

主要特征特性：籽粒白色；立夏种，秋分收。抗旱、耐瘠，口感好。（繁种未出苗，资料来源于采集地）

图 2-11 白糜子（2021142213）

2.12 小青糜

采集编号：2021142229   科：禾本科   属：黍属   种：黍稷

收集时间：2021 年   收集地点：山西省朔州市平鲁区井坪镇大白羊洼村

主要特征特性：侧散穗型，绿色花序，粒色为条灰色，米色黄；籽粒千粒重 6.8g，粳性，生育期 80d，属于特早熟品种。产量低，亩产 100kg 左右。在当地作为早熟作物茬的复播品种，糜米食用以做窝窝头为主。

图 2-12 小青糜（2021142229）

2.13 黑黍子

采集编号：2021142241　　　　　　科：禾本科　　　属：黍属　　　　　种：黍稷

收集时间：2021 年　　　　　　　　收集地点：山西省朔州市平鲁区下水头乡信虎辛窑村

主要特征特性：侧穗型，绿色花序，粒色褐，米色黄；籽粒千粒重 7.8g，糯性，生育期 84d，属于特早熟品种。籽粒品质优良，食用软糯，是当地主要的黏糕用品种。

图 2-13　黑黍子（2021142241）

2.14 小青糜

采集编号：2021142258　　　　　　科：禾本科　　　属：黍属　　　　　种：黍稷

收集时间：2021 年　　　　　　　　收集地点：山西省朔州市平鲁区下水头乡信虎辛窑村

主要特征特性：立夏种，秋分收。抗旱、耐瘠，生育期短，可用于救灾补种。（繁种未出苗，资料来源于采集地）

图 2-14　小青糜（2021142258）

2.15 白糜子（黍）

采集编号：2021142260　　　　　　　科：禾本科　　　属：黍属　　　　　种：黍稷
收集时间：2021 年　　　　　　　　　收集地点：山西省朔州市平鲁区下水头乡信虎辛窑村
主要特征特性：侧穗型，绿色花序，粒色白，米色黄；籽粒千粒重 6.4g，糯性，生育期 86d，属于特早熟品种。出米率高，米粒食用软糯，是当地黏糕用主要品种。

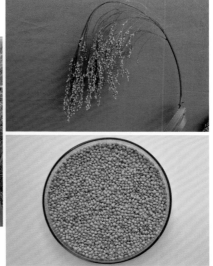

图 2-15　白糜子（2021142260）

2.16 红黍子

采集编号：2021142274　　　　　　　科：禾本科　　　属：黍属　　　　　种：黍稷
收集时间：2021 年　　　　　　　　　收集地点：山西省朔州市平鲁区下水头乡另山村
主要特征特性：侧散穗型，绿色花序，粒色红，米色黄；籽粒千粒重 7.6g，糯性，生育期 78d，属于特早熟品种。黍面口感筋软，当地主要用于做油炸糕食用。

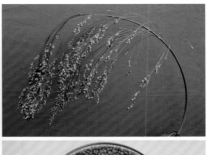

图 2-16　红黍子（2021142274）

2.17 白黍子

采集编号：2021142281　　　　　科：禾本科　　　属：黍属　　　　　种：黍稷

收集时间：2021 年　　　　　　　收集地点：山西省朔州市平鲁区阻虎乡刘货郎村

主要特征特性：侧穗型，紫色花序，粒色白，米色黄；籽粒千粒重 6.7g，糯性，生育期 80d，属于特早熟品种。出米率高，黍米食用软糯，是当地黏糕用主要品种。

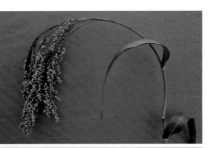

图 2-17　白黍子（2021142281）

2.18 小青糜

采集编号：2021142299　　　　　科：禾本科　　　属：黍属　　　　　种：黍稷

收集时间：2021 年　　　　　　　收集地点：山西省朔州市平鲁区阻虎乡刘货郎村

主要特征特性：立夏播种，秋分收获。抗旱、耐瘠，生育期短，可用于救灾补种。（繁种未出苗，资料来源于采集地）

图 2-18　小青糜（2021142299）

2.19 红黍子

采集编号：P140624015　　　　　科：禾本科　　属：黍属　　　　种：黍稷
收集时间：2020 年　　　　　　　收集地点：山西省朔州市怀仁市毛皂镇毛皂村
主要特征特性：侧穗型，绿色花序，粒色红，米色黄；籽粒千粒重 8.4g，属大粒品种，糯性，生育期 122d，属极晚熟品种。植株耐干旱，不抗倒伏。黍米呈金黄色，糯性好，营养价值较高，是当地黏糕用主栽品种。

图 2-19　红黍子（P140624015）

2.20 黑黍子

采集编号：P140624016　　　　　科：禾本科　　属：黍属　　　　种：黍稷
收集时间：2020 年　　　　　　　收集地点：山西省朔州市怀仁市毛皂镇毛皂村
主要特征特性：侧穗型，绿色花序，粒色褐，米色黄；籽粒千粒重 7.9g，糯性，生育期 97d，属中熟品种。黍米呈金黄色，黏性好，当地主要用于做油炸糕和酿米酒。

图 2-20　黑黍子（P140624016）

2.21 白黍子

采集编号：P140624017　　　　　科：禾本科　　　属：黍属　　　　种：黍稷
收集时间：2020 年　　　　　　　收集地点：山西省朔州市怀仁市毛皂镇毛皂村
主要特征特性：侧穗型，绿色花序，粒色白，米色淡黄；籽粒千粒重 7.4g，糯性，生育期 102d，属中熟品种。植株耐干旱，黍米糯性好，当地常用于做黄糕和酿黄酒。

图 2-21　白黍子（P140624017）

2.22 二白黍（紫盖头）

采集编号：P140621015　　　　　科：禾本科　　　属：黍属　　　　种：黍稷
收集时间：2020 年　　　　　　　收集地点：山西省朔州市山阴县安荣乡西沟村
主要特征特性：侧穗型，株高 1.2m 左右，穗子顶端呈紫色，茎秆紫色、粗壮；抗旱，少有虫害。黍米适口性好，糯性强，亩产 200kg 左右。（繁种未出苗，资料来源于采集地）

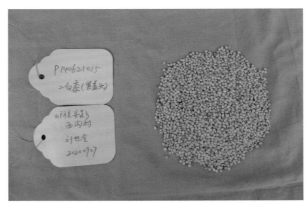

图 2-22　二白黍（P140621015）

2.23 黑黍

采集编号：P140621025　　　　　　科：禾本科　　　属：黍属　　　　种：黍稷
收集时间：2020 年　　　　　　　收集地点：山西省朔州市山阴县岱岳镇七里沟村
主要特征特性：侧穗型，绿色花序，粒色褐，米色黄；籽粒千粒重 8.0g，属大粒品种，糯性，生育期 100d，属中熟品种。黍米软糯，做成糕筋道，是当地黏糕用主栽品种。

图 2-23　黑黍（P140621025）

2.24 黄黍子

采集编号：P140622016　　　　　　科：禾本科　　　属：黍属　　　　种：黍稷
收集时间：2020 年　　　　　　　收集地点：山西省朔州市应县南泉乡清凉村
主要特征特性：侧穗型，绿色花序，粒色黄，米色淡黄；籽粒千粒重 8.2g，属大粒品种，糯性，生育期 105d，属中熟品种。植株抗寒、抗旱、耐瘠薄，产量一般 150kg 左右。黍米软糯，做成糕软且筋道，是当地黏糕用主栽品种。

图 2-24　黄黍子（P140622016）

2.25 野糜子

采集编号：P140622025　　　　　　科：禾本科　　　属：黍属　　　　　种：黍稷
收集时间：2020 年　　　　　　　　收集地点：山西省朔州市应县南河种镇南河种村
主要特征特性：散穗型，绿色花序，粒色灰，米色黄；籽粒千粒重 5.0g，粳性，生育期 79d，属特早熟品种。野生，易落粒，抗旱、耐贫瘠，生命力强，适宜在高海拔冷凉地区生长。

图 2-25　野糜子（P140622025）

2.26 大黄黍

采集编号：P140602008　　　　　　科：禾本科　　　属：黍属　　　　　种：黍稷
收集时间：2020 年　　　　　　　　收集地点：山西省朔州市朔城区沙楞河乡沙楞河村
主要特征特性：穗长 30cm，侧穗型，绿色花序，粒色黄，米色黄；籽粒千粒重 8.0g，属大粒品种，糯性，生育期 103d，属中熟品种。植株分蘖多，亩产 200kg 左右。黍米适口性好。

图 2-26　大黄黍（P140602008）

2.27 黑黍

采集编号：P140602025　　　　　　科：禾本科　　　属：黍属　　　种：黍稷
收集时间：2020 年　　　　　　　　收集地点：山西省朔州市朔城区利民镇东驼梁村
主要特征特性：株高 1.5 ～ 1.6m，籽粒黑色；分蘖多，穗型散。（繁种未出苗，资料来源于采集地）

图 2-27　黑黍（P140602025）

2.28 大白黍

采集编号：P140602026　　　　　　科：禾本科　　　属：黍属　　　种：黍稷
收集时间：2020 年　　　　　　　　收集地点：山西省朔州市朔城区下团堡乡武家庄村
主要特征特性：侧穗型，绿色花序，粒色白，米色黄；籽粒千粒重 7.4g，糯性，生育期 100d，属中熟品种。丰产、优质，是当地主要的旱地品种，也是当地群众主要的食粮之一。

图 2-28　大白黍（P140602026）

三、忻州市

3.1 红糜子

采集编号：P140932003　　　　科：禾本科　　　属：黍属　　　　种：黍稷
收集时间：2020 年　　　　　　收集地点：山西省忻州市偏关县楼沟乡柏家咀村
主要特征特性：侧穗型，紫色花序，粒色红，米色黄；籽粒千粒重 8.1g，属大粒品种，粳性，生育期 105d，属中熟品种。抗旱性强、产量高，亩产 200 ～ 300kg，种植历史悠久，是制作酸捞饭的优良品种。

图 3-1　红糜子（P140932003）

3.2 黄糜子

采集编号：P140932016　　　　科：禾本科　　　属：黍属　　　　种：黍稷
收集时间：2020 年　　　　　　收集地点：山西省忻州市偏关县水泉镇七家坪村
主要特征特性：侧穗型，绿色花序，粒色黄，米色黄；籽粒千粒重 8.2g，属大粒品种，粳性，生育期 105d，属中熟品种。抗旱性强，产量高，最高亩产 400kg 左右，为传统地方品种，糜米可做酸捞饭食用。

图 3-2　黄糜子（P140932016）

3.3 白糜子

采集编号：P140932017　　　　　　科：禾本科　　　属：黍属　　　　　种：黍稷
收集时间：2020 年　　　　　　　　收集地点：山西省忻州市偏关县水泉镇七家坪村
主要特征特性：侧穗型，绿色花序，粒色白，米色黄；籽粒千粒重 7.8g，粳性，生育期 110d，属晚熟品种。抗旱性强，产量高，为传统地方品种，糜米可做酸捞饭食用。

 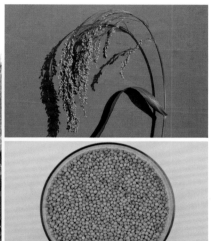

图 3-3　白糜子（P140932017）

3.4 一点红黍子

采集编号：P140932022　　　　　　科：禾本科　　　属：黍属　　　　　种：黍稷
收集时间：2020 年　　　　　　　　收集地点：山西省忻州市偏关县水泉镇七家坪村
主要特征特性：侧散穗型，绿色花序，粒色为白色上有一点红；籽粒千粒重 7.9g，米色黄，糯性，生育期 109d，属中熟品种。抗旱性强，产量高，亩产可达 300 ～ 350kg，为传统地方品种，也是当地黏糕用优良品种。

  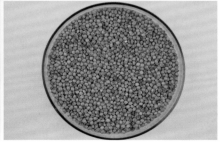

图 3-4　一点红黍子（P140932022）

3.5 白黍子

采集编号：P140932023　　　　　　科：禾本科　　属：黍属　　　　　种：黍稷
收集时间：2020 年　　　　　　　　收集地点：山西省忻州市偏关县陈家营乡闫家贝村
主要特征特性：侧穗型，紫色花序，粒色白，米色黄；籽粒千粒重 7.7g，糯性，生育期 111d，属晚熟品种。田间抗旱性强，产量高，亩产 300kg 以上。黍米做糕软且黄，色味俱全，品质上好。

图 3-5　白黍子（P140932023）

3.6　70 天黄糜

采集编号：P140930030　　　　　　科：禾本科　　属：黍属　　　　　种：黍稷
收集时间：2021 年　　　　　　　　收集地点：山西省忻州市河曲县土沟乡土沟村
主要特征特性：侧穗型，绿色花序，粒色黄，米色黄；籽粒千粒重 8.1g，属大粒品种，粳性，生育期 70d 左右，属特早熟品种。抗旱、耐贫瘠，亩产 150～200kg，籽粒优质，是当地主要的酸粥用品种。

图 3-6　70 天黄糜（P140930030）

3.7 红糜子

采集编号：P140930058　　　　科：禾本科　　　属：黍属　　　　种：黍稷
收集时间：2020 年　　　　　　收集地点：山西省忻州市河曲县土沟乡横梁会村
主要特征特性：侧穗型，紫色花序，粒色红，米色黄；籽粒千粒重 8.4g，属大粒品种，粳性，生育期 97d，属早熟品种。亩产 110kg 左右，籽粒优质，是当地主要的酸粥用品种。

图 3-7　红糜子（P140930058）

3.8 糜子

采集编号：2020141033　　　　科：禾本科　　　属：黍属　　　　种：黍稷
收集时间：2020 年　　　　　　收集地点：山西省忻州市河曲县巡镇夏营村
主要特征特性：侧穗型，绿色花序，粒色红，米色黄；籽粒千粒重 8.1g，属大粒品种，粳性，生育期 87d，属特早熟品种。具有高产、优质、抗旱、耐寒的特点，丰产性好。糜米用于制作酸粥，口感好。

图 3-8　糜子（2020141033）

3.9 大红黍子

采集编号：2020141055　　　　　科：禾本科　　属：黍属　　　　种：黍稷
收集时间：2020 年　　　　　　　收集地点：山西省忻州市河曲县鹿固乡祁家墕村
主要特征特性：侧穗型，紫色花序，粒色红，米色黄；籽粒千粒重 7.5g，糯性，生育期 105d，属中熟品种。具有抗病、抗旱、耐贫瘠、产量高、糯性强、品质优的特点，是当地优良的黍子品种，黍米也是制作油炸糕等特色食品的良好食材。

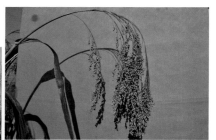

图 3-9　大红黍子（2020141055）

3.10 红糜子

采集编号：2020141057　　　　　科：禾本科　　属：黍属　　　　种：黍稷
收集时间：2020 年　　　　　　　收集地点：山西省忻州市河曲县鹿固乡祁家墕村
主要特征特性：侧穗型，绿色花序，粒色红，米色黄；籽粒千粒重 7.4g，粳性，生育期 89d，属特早熟品种。是当地优良的糜子品种，具有抗病、抗旱、耐贫瘠、产量高、品质优的特点，糜米是制作酸粥等特色食品的良好食材。

图 3-10　红糜子（2020141057）

3.11 白黍子

采集编号：2020141063　　　　　　科：禾本科　　　属：黍属　　　　种：黍稷

收集时间：2020 年　　　　　　　　收集地点：山西省忻州市河曲县鹿固乡大梁村

主要特征特性：侧穗型，绿色花序，粒色白，米色淡黄；籽粒千粒重 7.4g，糯性，生育期 91d，属早熟品种。黍米口感软糯，适合做软粥或黏糕。

图 3-11　白黍子（2020141063）

3.12 黍子

采集编号：2020141074　　　　　　科：禾本科　　　属：黍属　　　　种：黍稷

收集时间：2020 年　　　　　　　　收集地点：山西省忻州市河曲县鹿固乡大梁村

主要特征特性：侧穗型，绿色花序，粒色黄，米色淡黄；籽粒千粒重 8.1g，属大粒品种，糯性，生育期 82d，属特早熟品种。黍米糯性好，适合做软粥或黏糕。

图 3-12　黍子（2020141074）

3.13 糜子

采集编号：2020142009　　　　　科：禾本科　　　属：黍属　　　　　种：黍稷
收集时间：2020 年　　　　　　　收集地点：山西省忻州市河曲县巡镇镇赤泥墕村
主要特征特性：侧穗型，紫色花序，粒色红，米色黄；籽粒千粒重 8.5g，属于大粒品种，粳性，生育期 90d，属于早熟品种。糜米主要用于做酸粥食用。

图 3-13　糜子（2020142009）

3.14 红黍子

采集编号：2020142014　　　　　科：禾本科　　　属：黍属　　　　　种：黍稷
收集时间：2020 年　　　　　　　收集地点：山西省忻州市河曲县巡镇镇赤泥墕村
主要特征特性：侧穗型，绿色花序，粒色红，米色黄；籽粒千粒重 7.6g，糯性，生育期 92d，属于早熟品种。亩产 200kg 左右，是当地主要的黏糕用品种。

图 3-14　红黍子（2020142014）

3.15 红糜子

采集编号：2020142015　　　　科：禾本科　　　属：黍属　　　种：黍稷

收集时间：2020 年　　　　收集地点：山西省忻州市河曲县鹿固乡杨桥洼村

主要特征特性：侧穗型，绿色花序，粒色红，米色淡黄；籽粒千粒重 8.0g，属大粒品种，粳性，生育期 82d，属于特早熟品种。亩产 150kg 左右，是当地主食酸粥用品种。

图 3-15　红糜子（2020142015）

3.16 红糜子（黍）

采集编号：2020142024　　　　科：禾本科　　　属：黍属　　　种：黍稷

收集时间：2020 年　　　　收集地点：山西省忻州市河曲县鹿固乡杨桥洼村

主要特征特性：侧密穗型，绿色花序，粒色红，米色淡黄；籽粒千粒重 8.0g，属大粒品种，糯性，生育期 91d，属于早熟品种。丰产性好，籽粒软糯、优质，是当地黏糕用主栽品种。

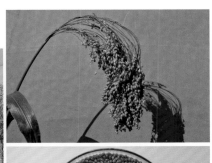

图 3-16　红糜子（2020142024）

3.17 · 红黍子

采集编号：2020142035　　　　科：禾本科　　属：黍属　　　　种：黍稷

收集时间：2020 年　　　　　　收集地点：山西省忻州市河曲县单寨乡单寨村

主要特征特性：侧穗型，紫色花序，粒色红，米色淡黄；籽粒千粒重 7.6g，糯性，生育期 92d，属于早熟品种。籽粒糯性好，品质优，是当地黏糕用优良品种。

图 3-17　红黍子（2020142035）

3.18 · 白糜子

采集编号：2020142036　　　　科：禾本科　　属：黍属　　　　种：黍稷

收集时间：2020 年　　　　　　收集地点：山西省忻州市河曲县单寨乡单寨村

主要特征特性：侧穗型，绿色花序，粒色白，米色黄；籽粒千粒重 8.0g，属大粒品种，粳性，生育期 88d，属于特早熟品种。出米率高，籽粒品质优，是当地酸粥用主栽品种。

图 3-18　白糜子（2020142036）

3.19 红黍子

采集编号：P140924010　　　　科：禾本科　　　属：黍属　　　种：黍稷

收集时间：2020 年　　　　收集地点：山西省忻州市繁峙县下茹越乡上寨村

主要特征特性：侧穗型，绿色花序，粒色红，米色淡黄；籽粒千粒重 8.6g，属大粒品种，糯性，生育期 108d，属中熟品种。植株壮实，抗旱、耐寒，不易倒伏。种植历史悠久，亩产 250kg 左右，籽粒糯性好，是当地高产优质黏糕用品种。

图 3-19　红黍子（P140924010）

3.20 气死风白黍子

采集编号：P140924015　　　　科：禾本科　　　属：黍属　　　种：黍稷

收集时间：2020 年　　　　收集地点：山西省忻州市繁峙县下茹越乡下寨村

主要特征特性：植株较低，侧散穗型，绿色花序，粒色白，米色黄；籽粒千粒重 7.4g，糯性，生育期 99d，属早熟品种。植株较低，抗旱，亩产 200kg 左右，成熟后不易掉粒，籽粒黏糕用品质好。

图 3-20　气死风白黍子（P140924015）

3.21 灰黍子（青黍子）

采集编号：P140927017 科：禾本科 属：黍属 种：黍稷
收集时间：2022 年 收集地点：山西省忻州市神池县虎鼻乡虎鼻村
主要特征特性：侧散穗型，紫色花序，粒色条灰，米色淡黄；籽粒千粒重 7.0g，糯性，生育期 110d，属晚熟品种。耐旱、耐寒、病虫害少，亩产 150kg 左右，黍米主要用于做油炸糕食用。

图 3-21 灰黍子（青黍子）（P140927017）

3.22 红糜子

采集编号：P140927019 科：禾本科 属：黍属 种：黍稷
收集时间：2020 年 收集地点：山西省忻州市神池县虎鼻乡虎鼻村
主要特征特性：侧穗型，绿色花序，粒色红，米色黄；籽粒千粒重 8.5g，属大粒品种，粳性，生育期110d，属晚熟品种。抗逆性强，丰产性好，亩产 200～250kg，籽粒主要用于做米饭，蒸发糕。

图 3-22 红糜子（P140927019）

3.23 红黍子

采集编号：P140923005　　　　科：禾本科　　属：黍属　　种：黍稷
收集时间：2020 年　　　　　　收集地点：山西省忻州市代县阳明堡镇马寨村
主要特征特性：侧密穗型，绿色花序，粒色红，米色黄；籽粒千粒重 8.2g，属大粒品种，糯性，生育期 118d，属晚熟品种。适应性强，产量高，品质好，栽培历史悠久，至今仍是当家品种，亩产 200 ～ 250kg。米面筋软，当地主要用于做油炸糕食用。

图 3-23　红黍子（P140923005）

3.24 灰黍子

采集编号：P140923014　　　　科：禾本科　　属：黍属　　种：黍稷
收集时间：2020 年　　　　　　收集地点：山西省忻州市代县雁门关乡殿上村
主要特征特性：植株低，籽粒白色，上有一点灰；糯性。生育期短，适宜抗旱补种救灾，亩产 100kg 左右，黍米主要用于做黏糕。（繁后未出苗，资料来源于采集地）

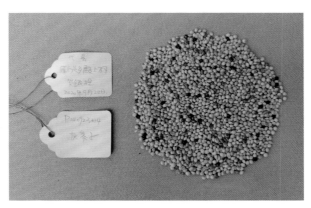

图 3-24　灰黍子（P140923014）

3.25 红黍子

采集编号：P140923015　　　　科：禾本科　　　属：黍属　　　　种：黍稷
收集时间：2020 年　　　　　　收集地点：山西省忻州市代县雁门关乡殿上村
主要特征特性：侧密穗型，紫色花序，粒色红，米色黄；籽粒千粒重 8.4g，属大粒品种，糯性，生育期 120d，属极晚熟品种。适应性强，产量高，品质好，当地种植历史悠久，至今仍广泛种植，亩产200kg 左右。黍米制作的糕特别软糯，适口性好。

图 3-25　红黍子（P140923015）

3.26 一点红白黍子

采集编号：P140923032　　　　科：禾本科　　　属：黍属　　　　种：黍稷
收集时间：2020 年　　　　　　收集地点：山西省忻州市代县上磨坊乡任家庄村
主要特征特性：侧穗型，绿色花序，粒色为白色上有一点红，米色黄；籽粒千粒重 6.7g，糯性，生育期 109d，属中熟品种。适应性强，品质好，当地种植历史悠久，至今仍广泛种植，亩产150kg 左右。黍米制作的油炸糕软糯筋，是当地待客的佳品。

图 3-26　一点红白黍子（P140923032）

3.27 青糜子

采集编号：P140923033　　　　　科：禾本科　　　属：黍属　　　　种：黍稷
收集时间：2020 年　　　　　　　收集地点：山西省忻州市代县上磨坊乡任家庄村
主要特征特性：侧穗型，绿色花序，粒色条灰，米色黄；籽粒千粒重 7.4g，粳性，生育期 113d，属晚熟品种。适应性强，抗逆性好，品质优，亩产 150kg 左右。糜米用于吃捞饭、窝窝头，口感松软香甜。

图 3-27　青糜子（P140923033）

3.28 白黍子

采集编号：P140923034　　　　　科：禾本科　　　属：黍属　　　　种：黍稷
收集时间：2020 年　　　　　　　收集地点：山西省忻州市代县上磨坊乡任家庄村
主要特征特性：侧穗型，绿色花序，粒色白，米色黄；籽粒千粒重 7.0g，糯性，生育期 100d，属中熟品种。适应性强，亩产 200kg 左右。出米率高达 90% 左右，米质好，是良好的黏糕用品种。

图 3-28　白黍子（P140923034）

3.29 灰糜子

采集编号：P140923042　　　　科：禾本科　　　属：黍属　　　　种：黍稷

收集时间：2020 年　　　　　　收集地点：山西省忻州市代县新高乡康家湾村

主要特征特性：侧散穗型，绿色花序，粒色条灰，米色黄；籽粒千粒重 6.8g，粳性，生育期 99d，属早熟品种。田间耐旱、耐瘠薄，适应性强，亩产 100kg 左右。米粒亮黄，米面用于做折饼，是当地喜食的调剂杂粮。

图 3-29　灰糜子（P140923042）

3.30 糜子

采集编号：2020141165　　　　科：禾本科　　　属：黍属　　　　种：黍稷

收集时间：2020 年　　　　　　收集地点：山西省忻州市代县雁门关乡太和岭口村

主要特征特性：侧穗型，绿色花序，粒色为白色上有一点灰，米色淡黄；籽粒千粒重 7.0g，粳性，生育期 89d，属于特早熟品种。丰产性好，糜米宜做米饭和煎饼食用。

图 3-30　糜子（2020141165）

3.31 糜子

采集编号：2020141166 科：禾本科 属：黍属 种：黍稷
收集时间：2020 年 收集地点：山西省忻州市代县雁门关乡太和岭口村
主要特征特性：侧散穗型，绿色花序，粒色灰，米色淡黄；籽粒千粒重 7.1g，粳性，生育期 92d，属于早熟品种。糜米宜做米饭和煎饼食用。

图 3-31 糜子（2020141166）

3.32 黍子

采集编号：2020141177 科：禾本科 属：黍属 种：黍稷
收集时间：2020 年 收集地点：山西省忻州市代县雁门关乡野庄村
主要特征特性：侧穗型，紫色花序，粒色红，米色淡黄；籽粒千粒重 8.1g，属大粒品种，糯性，生育期 91d，属于早熟品种。丰产性好，黍米以做黏糕食用为主。

图 3-32 黍子（2020141177）

3.33 红黍子

采集编号：2020141185　　　　　　科：禾本科　　　属：黍属　　　　　种：黍稷

收集时间：2020 年　　　　　　　　收集地点：山西省忻州市代县雁门关乡南口村

主要特征特性：侧穗型，紫色花序，粒色红，米色淡黄；籽粒千粒重 8.8g，属大粒品种，糯性，生育期 80d，属于特早熟品种。常用于救灾补种，黍米以做黏糕食用为主。

图 3-33　红黍子（2020141185）

3.34 黑黍子

采集编号：2020141206　　　　　　科：禾本科　　　属：黍属　　　　　种：黍稷

收集时间：2020 年　　　　　　　　收集地点：山西省忻州市代县雁门关乡南口村

主要特征特性：侧密穗型，紫色花序，粒色褐，米色淡黄；籽粒千粒重 7.8g，糯性，生育期 82d，属于特早熟品种。丰产性好，可用于救灾补种，是当地黏糕用优良品种。

图 3-34　黑黍子（2020141206）

3.35 红黍子

采集编号：2020141230　　　　　　科：禾本科　　　属：黍属　　　　　种：黍稷
收集时间：2020 年　　　　　　　　收集地点：山西省忻州市代县滩上镇上王庄村
主要特征特性：侧密穗型，绿色花序，粒色红，米色淡黄；籽粒千粒重 8.4g，属大粒品种，糯性，生育期 93d，属于早熟品种。丰产性好，黍米食用软糯，是当地黏糕用优良品种。

图 3-35　红黍子（2020141230）

3.36 白黍子

采集编号：2020141233　　　　　　科：禾本科　　　属：黍属　　　　　种：黍稷
收集时间：2020 年　　　　　　　　收集地点：山西省忻州市代县滩上镇下阳花村
主要特征特性：侧散穗型，绿色花序，粒色白，米色淡黄；籽粒千粒重 7.2g，糯性，生育期 77d，属于特早熟品种。常用于救灾补种，抗逆性强，是当地黏糕用主食品种。

图 3-36　白黍子（2020141233）

3.37 红黍子

采集编号：2020141253　　　　　　科：禾本科　　　属：黍属　　　　　种：黍稷

收集时间：2020 年　　　　　　　　收集地点：山西省忻州市代县胡峪乡枣园村

主要特征特性：侧穗型，紫色花序，粒色红，米色淡黄；籽粒千粒重 7.9g，糯性，生育期 91d，属于早熟品种。籽粒糯性好，品质优，是当地黏糕用优良品种。

图 3-37　红黍子（2020141253）

3.38 白黍子

采集编号：2020141261　　　　　　科：禾本科　　　属：黍属　　　　　种：黍稷

收集时间：2020 年　　　　　　　　收集地点：山西省忻州市代县胡峪乡盆窑村

主要特征特性：侧穗型，绿色花序，粒色白，米色淡黄；籽粒千粒重 5.8g，糯性，生育期 92d，属于早熟品种。出米率高，米质好，是当地黏糕用优良品种。

图 3-38　白黍子（2020141261）

3.39 灰黍子

采集编号：P140928002　　　　　科：禾本科　　　属：黍属　　　　　种：黍稷
收集时间：2020 年　　　　　　　收集地点：山西省忻州市五寨县新寨乡庄窝村
主要特征特性：侧散穗型，紫色花序，粒色条灰，米色黄；籽粒千粒重 7.2g，糯性，生育期 105d，属中熟品种。抗逆性强，为地方传统抗旱救灾品种，亩产 100 ～ 150kg。

图 3-39　灰黍子（P140928002）

3.40 黑黍子

采集编号：P140928007　　　　　科：禾本科　　　属：黍属　　　　　种：黍稷
收集时间：2020 年　　　　　　　收集地点：山西省忻州市五寨县新寨乡旧寨村
主要特征特性：侧穗型，绿色花序，粒色褐，米色黄；籽粒千粒重 8.3g，属大粒品种，糯性，生育期 105d，属中熟品种。种植历史悠久，抗逆性强，适宜黄土高原旱地种植，最高亩产 350kg 左右。米质软，口感好，是当地油炸糕用优良品种。

图 3-40　黑黍子（P140928007）

3.41 大黄黍子

采集编号：P140928026　　　　　　科：禾本科　　　属：黍属　　　　种：黍稷
收集时间：2020 年　　　　　　　　收集地点：山西省忻州市五寨县杏岭子乡崖窑村
主要特征特性：侧穗型，绿色花序，粒色黄，米色淡黄；籽粒千粒重 7.4g，糯性，生育期 107d，属中
熟品种。抗逆性强，产量高，为黄土高原传统品种，亩产 250kg 左右。黍米适口性好，香味浓，是广
泛种植的油炸糕用优良品种。

图 3-41　大黄黍子（P140928026）

3.42 白糜子

采集编号：P140928037　　　　　　科：禾本科　　　属：黍属　　　　种：黍稷
收集时间：2020 年　　　　　　　　收集地点：山西省忻州市五寨县杏岭子乡上鹿角村
主要特征特性：侧穗型，绿色花序，粒色白，米色黄；籽粒千粒重 7.9g，粳性，生育期 103d，属中熟
品种。产量高，耐旱、耐瘠薄，适应性强，亩产 300kg 左右，是当地主要的糜米捞饭用品种。

图 3-42　白糜子（P140928037）

3.43 红糜子

采集编号：P140928038　　科：禾本科　　属：黍属　　种：黍稷
收集时间：2020 年　　收集地点：山西省忻州市五寨县杏岭子乡上鹿角村
主要特征特性：侧穗型，紫色花序，粒色红，米色黄；籽粒千粒重 8.7g，属大粒品种，粳性，生育期 108d，属中熟品种。抗逆性强，品质好，产量高，最高亩产 350kg 左右，为当地传统糜米捞饭用优良品种。

图 3-43　红糜子（P140928038）

3.44 硬糜子

采集编号：P140925043　　科：禾本科　　属：黍属　　种：黍稷
收集时间：2020 年　　收集地点：山西省忻州市宁武县化北屯乡北屯村
主要特征特性：侧散穗型，绿色花序，粒色黄，米色黄；籽粒千粒重 7.7g，粳性，生育期 99d，属早熟品种。抗虫、抗旱、耐寒，亩产 100kg 左右。籽粒优质，当地主要以糜米捞饭食用。

图 3-44　硬糜子（P140925043）

3.45 糜子

采集编号：P140925077　　　　　科：禾本科　　　属：黍属　　　　种：黍稷

收集时间：2020 年　　　　　　　收集地点：山西省忻州市宁武县薛家洼乡下白泉村

主要特征特性：侧散穗型，绿色花序，粒色黄，米色黄；籽粒千粒重 7.1g，粳性，生育期 100d，属中熟品种。抗虫、抗旱、耐寒，亩产 150～200kg，籽粒用于做糜米捞饭食用。

图 3-45　糜子（P140925077）

3.46 红黍子

采集编号：P140925080　　　　　科：禾本科　　　属：黍属　　　　种：黍稷

收集时间：2020 年　　　　　　　收集地点：山西省忻州市宁武县薛家洼乡下白泉村

主要特征特性：侧密穗型，绿色花序，粒色红，米色黄；籽粒千粒重 8.1g，属大粒品种，糯性，生育期 108d，属中熟品种。抗虫、抗旱、耐寒，亩产 150kg 左右，是当地黏糕用主栽品种。

图 3-46　红黍子（P140925080）

3.47 糜子

采集编号：2020141075　　　　　科：禾本科　　　属：黍属　　　　种：黍稷
收集时间：2020 年　　　　　　　收集地点：山西省忻州市宁武县化北屯乡北屯村
主要特征特性：侧穗型，绿色花序，粒色白，米色黄；籽粒千粒重 7.9g，粳性，生育期 89d，属特早熟品种，糜米适宜做米饭或煎饼。

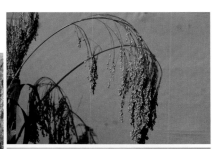

图 3-47　糜子（2020141075）

3.48 一点红

采集编号：P140981012　　　　　科：禾本科　　　属：黍属　　　　种：黍稷
收集时间：2022 年　　　　　　　收集地点：山西省忻州市原平市子干乡东南贾村
主要特征特性：侧穗型，绿色花序，粒色为白色上有一点红，米色黄；籽粒千粒重 7.2g，糯性，生育期 117d，属晚熟品种。生长期抗病、抗旱、耐寒、耐贫瘠，不抗倒伏，亩产 150kg 左右。米质好，是优良的黏糕用品种。

图 3-48　一点红（P140981012）

3.49 白糜子

采集编号：P140981013   科：禾本科 属：黍属   种：黍稷

收集时间：2020 年   收集地点：山西省忻州市原平市子干乡东南贾村

主要特征特性：侧穗型，绿色花序，粒色白，米色黄；籽粒千粒重 7.3g，糯性，生育期 121d，属极晚熟品种。生长期抗病、抗旱、耐寒、耐贫瘠，不抗倒伏，亩产 150kg 左右。米质好，是优良的黏糕用品种。

图 3-49 白糜子（P140981013）

3.50 白糜子

采集编号：P140981065   科：禾本科 属：黍属   种：黍稷

收集时间：2020 年   收集地点：山西省忻州市原平市轩岗镇尧高阜村

主要特征特性：侧穗型，绿色花序，粒色白，米色黄；籽粒千粒重 7.1g，糯性，生育期 111d，属晚熟品种。生长期抗病、抗虫、抗旱、耐寒、耐贫瘠，亩产 200kg 左右。籽粒优质，是优良的黏糕用品种。

图 3-50 白糜子（P140981065）

3.51 紫秆红

采集编号：P140981075　　　　科：禾本科　　　属：黍属　　　种：黍稷
收集时间：2020 年　　　　　　收集地点：山西省忻州市原平市中阳乡南神头村
主要特征特性：侧密穗型，紫色花序，粒色红，米色黄；籽粒千粒重 8.6g，属大粒品种，糯性，生育期 122d，属极晚熟品种。抗病、抗虫、抗旱、耐盐碱、耐贫瘠，亩产 300kg 左右，是高产优质的黏糕用品种。

图 3-51　紫秆红（P140981075）

3.52 大红黍

采集编号：P140981086　　　　科：禾本科　　　属：黍属　　　种：黍稷
收集时间：2020 年　　　　　　收集地点：山西省忻州市原平市沿沟乡大芳村
主要特征特性：侧穗型，绿色花序，粒色为红白复色，米色黄；籽粒千粒重 7.0g，糯性，生育期 125d，属极晚熟品种。抗病、抗虫、抗旱、耐盐碱、耐贫瘠，亩产 200kg 左右。籽粒优质，是当地传统的黏糕用品种。

图 3-52　大红黍（P140981086）

3.53 大白黍

采集编号：P140981087　　　　　科：禾本科　　属：黍属　　　　　种：黍稷
收集时间：2020 年　　　　　　　收集地点：山西省忻州市原平市沿沟乡大芳村
主要特征特性：侧穗型，绿色花序，粒色白，米色黄；籽粒千粒重 7.0g，糯性，生育期 115d，属晚熟品种。抗病、抗虫、抗旱、耐盐碱、耐贫瘠，亩产 200kg 左右。籽粒优质，是当地传统的黏糕用品种。

图 3-53　大白黍（P140981087）

3.54 黏糜子

采集编号：P140922008　　　　　科：禾本科　　属：黍属　　　　　种：黍稷
收集时间：2020 年　　　　　　　收集地点：山西省忻州市五台县门限石乡三岔村
主要特征特性：侧穗型，绿色花序，粒色红，米色淡黄；籽粒千粒重 7.4g，糯性，生育期 103d，属中熟品种。抗旱、耐寒、抗病虫害、耐贫瘠，亩产 250 ～ 300kg，是当地黏糕用优良品种。

图 3-54　黏糜子（P140922008）

3.55 硬糜子

采集编号：P140922011　　　　　　科：禾本科　　属：黍属　　　　种：黍稷
收集时间：2020 年　　　　　　　　收集地点：山西省忻州市五台县门限石乡横岭村
主要特征特性：株高 1m 左右，籽粒白色；粳性。地方品种，种植历史悠久，抗逆性强。亩产 150kg
左右，当地用于磨面后做凉粉。（繁种未出苗，资料来源于采集地）

图 3-55　硬糜子（P140922011）

3.56 黑黏糜子

采集编号：P140922012　　　　　　科：禾本科　　属：黍属　　　　种：黍稷
收集时间：2020 年　　　　　　　　收集地点：山西省忻州市五台县门限石乡横岭村
主要特征特性：侧穗型，紫色花序，粒色褐，米色黄；籽粒千粒重 7.7g，糯性，生育期 119d，属晚熟
品种。田间抗旱、耐寒、抗病虫害、耐贫瘠，不抗倒伏，亩产 200kg 左右，是当地做米糕和油炸糕的
上好品种。

图 3-56　黑黏糜子（P140922012）

3.57 白糜子

采集编号：P140922040　　　　　　科：禾本科　　　属：黍属　　　　　种：黍稷
收集时间：2021 年　　　　　　　　收集地点：山西省忻州市五台县阳白乡探头村
主要特征特性：侧穗型，紫色花序，粒色白，米色黄；籽粒千粒重 8.2g，属大粒品种，粳性，生育期 109d，属中熟品种。抗旱、耐寒、抗病虫害、耐贫瘠、抗倒伏，亩产 200kg 左右。糜米主要用于做凉粉，蒸窝窝。

图 3-57　白糜子（P140922040）

3.58 红糜子

采集编号：P140931004　　　　　　科：禾本科　　　属：黍属　　　　　种：黍稷
收集时间：2020 年　　　　　　　　收集地点：山西省忻州市保德县土崖塔乡党家里村
主要特征特性：侧穗型，绿色花序，粒色红，米色黄；籽粒千粒重 9.0g，属大粒品种，粳性，生育期 108d，属中熟品种。抗病、抗旱、耐贫瘠，亩产 250kg 左右。籽粒优质，是当地特色食品糜米捞饭的主要食材。

图 3-58　红糜子（P140931004）

3.59 黍子

采集编号：P140931010　　　　科：禾本科　　属：黍属　　　　种：黍稷
收集时间：2020 年　　　　　　收集地点：山西省忻州市保德县土崖塔乡党家里村
主要特征特性：侧穗型，紫色花序，粒色红，米色黄；籽粒千粒重 8.7g，属大粒品种，糯性，生育期 110d，属晚熟品种。抗病、抗虫、抗旱、耐贫瘠，亩产 150kg 左右。籽粒优质，是当地黏糕用优良品种。

图 3-59　黍子（P140931010）

3.60 白黍子

采集编号：P140931032　　　　科：禾本科　　属：黍属　　　　种：黍稷
收集时间：2020 年　　　　　　收集地点：山西省忻州市保德县南河沟乡韩家塔村
主要特征特性：侧穗型，绿色花序，粒色白，米色黄；籽粒千粒重 8.5g，属大粒品种，糯性，生育期 115d，属晚熟品种。抗病、抗虫、抗旱，亩产 250kg 左右。籽粒优质，是当地黏糕用主要品种。

图 3-60　白黍子（P140931032）

3.61 黑黍子

采集编号：P140931041　　　　　科：禾本科　　　属：黍属　　　　种：黍稷

收集时间：2020 年　　　　　　收集地点：山西省忻州市保德县南河沟乡韩家塔村

主要特征特性：侧穗型，紫色花序，粒色褐，米色黄；籽粒千粒重 8.1g，属大粒品种，糯性，生育期 120d，属极晚熟品种。抗病、抗虫、抗旱、耐贫瘠，丰产性好，亩产 250kg 左右。籽粒优质，是当地黏糕用优良品种。

图 3-61　黑黍子（P140931041）

3.62 糜子

采集编号：P140931054　　　　　科：禾本科　　　属：黍属　　　　种：黍稷

收集时间：2020 年　　　　　　收集地点：山西省忻州市保德县窑洼乡窑洼村

主要特征特性：侧穗型，绿色花序，粒色红，米色黄；籽粒千粒重 7.6g，粳性，生育期 115d，属晚熟品种。抗病、抗虫，亩产 180kg 左右。籽粒优质，是当地主食糜米捞饭用主要品种。

图 3-62　糜子（P140931054）

3.63 小青糜子

采集编号：P140929012　　　　科：禾本科　　　属：黍属　　　种：黍稷
收集时间：2020 年　　　　　收集地点：山西省忻州市岢岚县神堂坪乡马仙庄村
主要特征特性：散穗型，绿色花序，粒色条灰；籽粒千粒重 6.4g，米色黄，粳性，生育期 66d，属特早熟品种。在高寒干旱地区种植历史悠久，耐旱、耐寒、适应性强，可用于抗旱救灾，亩产75 ～ 100kg，糜米主要做窝窝头食用。

图 3-63　小青糜子（P140929012）

3.64 灰黍子

采集编号：P140929013　　　　科：禾本科　　　属：黍属　　　种：黍稷
收集时间：2020 年　　　　　收集地点：山西省忻州市岢岚县神堂坪乡马仙庄村
主要特征特性：侧散穗型，紫色花序，粒色为白色上有一点灰，米色黄；籽粒千粒重 6.5g，糯性，生育期 110d，属晚熟品种。在当地种植历史悠久，耐旱、耐寒、适应性好，亩产 150 ～ 200kg。米质软糯，适宜做黏糕。

图 3-64　灰黍子（P140929013）

3.65 灰黍子

采集编号：P140929024　　　　　科：禾本科　　　属：黍属　　　　种：黍稷

收集时间：2020 年　　　　　　收集地点：山西省忻州市岢岚县李家沟乡范家塔村

主要特征特性：侧穗型，紫色花序，粒色为白色上有一点灰，米色淡黄；籽粒千粒重 6.8g，糯性，生育期 105d，属中熟品种。种植历史悠久，耐寒、耐旱，病虫害少，在当地干旱瘠薄地均可种植，亩产 150kg 左右。米质软糯，适口性好，品质优，适宜做黏糕食用。

图 3-65　灰黍子（P140929024）

3.66 黑黍子

采集编号：P140929027　　　　　科：禾本科　　　属：黍属　　　　种：黍稷

收集时间：2020 年　　　　　　收集地点：山西省忻州市岢岚县李家沟乡范家塔村

主要特征特性：侧穗型，绿色花序，粒色褐，米色黄；籽粒千粒重 7.7g，糯性，生育期 100d，属中熟品种。为当地历史悠久的传统品种，适应性强，耐旱、耐寒，品质优良，产量高，是当地主食黏糕用种。

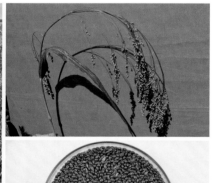

图 3-66　黑黍子（P140929027）

3.67 红黍子

采集编号：P140929030　　　　　科：禾本科　　　属：黍属　　　　种：黍稷
收集时间：2020 年　　　　　　　收集地点：山西省忻州市岢岚县阳坪乡新舍窠村
主要特征特性：侧穗型，紫色花序，粒色红，米色黄；籽粒千粒重 8.5g，属大粒品种，糯性，生育期 108d，属中熟品种。为当地传统品种，耐旱、耐寒，亩产 200 ～ 250kg。籽粒品质优良，磨面做糕，口感软糯。

图 3-67　红黍子（P140929030）

3.68 黄糜子

采集编号：P140929039　　　　　科：禾本科　　　属：黍属　　　　种：黍稷
收集时间：2020 年　　　　　　　收集地点：山西省忻州市岢岚县温泉乡后温泉村
主要特征特性：侧穗型，绿色花序，粒色黄，米色黄；籽粒千粒重 8.1g，属大粒品种，粳性，生育期 108d，属中熟品种。为当地传统品种，耐旱、耐寒、适应性强，产量高，亩产 200 ～ 250kg，是当地主要捞饭用品种。

图 3-68　黄糜子（P140929039）

3.69 黑黍子

采集编号：P140926031　　　　　科：禾本科　　　属：黍属　　　　种：黍稷
收集时间：2020 年　　　　　　　收集地点：山西省忻州市静乐县辛村乡老坡地村
主要特征特性：侧穗型，绿色花序，粒色褐，米色黄；籽粒千粒重 8.0g，属大粒品种，糯性，生育期 100d，属中熟品种。抗病、抗旱、耐寒，亩产 250kg 左右，是当地黏糕用主栽品种。

图 3-69　黑黍子（P140926031）

3.70 红黍子

采集编号：P140926032　　　　　科：禾本科　　　属：黍属　　　　种：黍稷
收集时间：2020 年　　　　　　　收集地点：山西省忻州市静乐县辛村乡老坡地村
主要特征特性：侧穗型，紫色花序，粒色红，米色黄；籽粒千粒重 8.6g，属大粒品种，糯性，生育期 109d，属中熟品种。抗病、抗旱、耐寒，亩产 250kg 左右，是当地黏糕用主要品种。

图 3-70　红黍子（P140926032）

3.71 白糜子（黍）

采集编号：P140926033　　　　　　　科：禾本科　　　属：黍属　　　　　种：黍稷

收集时间：2020 年　　　　　　　　　收集地点：山西省忻州市静乐县辛村乡老坡地村

主要特征特性：侧穗型，绿色花序，粒色白，米色黄；籽粒千粒重 6.7g，糯性，生育期 110d，属晚熟品种。抗病、抗旱、耐寒，亩产 250kg 左右，是当地黏糕用主要品种。

图 3-71　白糜子（P140926033）

3.72 善应糜子

采集编号：P140926051　　　　　　　科：禾本科　　　属：黍属　　　　　种：黍稷

收集时间：2020 年　　　　　　　　　收集地点：山西省忻州市静乐县王村乡善应村

主要特征特性：植株高度 80 ～ 100cm，穗长 20cm 左右，侧穗型；高产、抗病、抗虫、抗旱、耐贫瘠，亩产 250 ～ 300kg。（繁种未出苗，资料来源于采集地）

图 3-72　善应糜子（P140926051）

3.73 软糜子

采集编号：P140926081　　　　　科：禾本科　　　属：黍属　　　　　种：黍稷
收集时间：2020 年　　　　　　　收集地点：山西省忻州市静乐县赤泥洼乡龙家庄村
主要特征特性：侧穗型，紫色花序，粒色白，米色黄；籽粒千粒重 6.9g，糯性，生育期 107d，属中熟品种。抗病、抗旱、耐寒，亩产 200kg 左右。米粒主要用于做黏糕和包粽子食用。

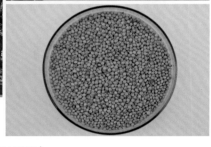

图 3-73　软糜子（P140926081）

3.74 硬糜子

采集编号：P140926090　　　　　科：禾本科　　　属：黍属　　　　　种：黍稷
收集时间：2020 年　　　　　　　收集地点：山西省忻州市静乐县丰润镇泊水村
主要特征特性：植株高度 1m 左右，穗长 15cm 左右，粒黄色；粳性，亩产 200kg 左右。（繁种未出苗，资料来源于采集地）

图 3-74　硬糜子（P140926090）

3.75 大红糜子（黍）

采集编号：P140902020　　　　科：禾本科　　　属：黍属　　　　种：黍稷
收集时间：2020 年　　　　　收集地点：山西省忻州市忻府区阳坡乡寨底村
主要特征特性：侧密穗型，绿色花序，粒色红，米色淡黄；籽粒千粒重 8.5g，属大粒品种，糯性，生育期 108d，属中熟品种。抗旱、耐寒、抗倒，亩产 150kg 左右，是当地黏糕用主食品种。

图 3-75　大红糜子（P140902020）

3.76 糜子（黍）

采集编号：P140902044　　　　科：禾本科　　　属：黍属　　　　种：黍稷
收集时间：2021 年　　　　　收集地点：山西省忻州市忻府区三交镇牛尾村
主要特征特性：侧穗型，绿色花序，粒色红，米色黄；籽粒千粒重 7.8g，糯性，生育期 115d，属晚熟品种。田间抗旱、耐寒，抗倒，抗病虫害，亩产 150kg 左右，是当地黏糕用品种。

图 3-76　糜子（P140902044）

3.77 红糜子（黍）

采集编号：P140902071　　　　科：禾本科　　属：黍属　　　　种：黍稷
收集时间：2021 年　　　　　　收集地点：山西省忻州市忻府区董村镇肖家山村
主要特征特性：侧穗型，绿色花序，粒色红，米色黄；籽粒千粒重 8.4g，属大粒品种，糯性，生育期
115d，属晚熟品种。田间抗旱、耐寒、抗倒、抗病虫害，亩产 150kg 左右，是当地黏糕用品种。

图 3-77　红糜子（P140902071）

3.78 硬白糜子

采集编号：P140902072　　　　科：禾本科　　属：黍属　　　　种：黍稷
收集时间：2020 年　　　　　　收集地点：山西省忻州市忻府区董村镇肖家山村
主要特征特性：株高 120cm 左右，穗长 25cm 左右，籽粒黄色；粳性，抗病、抗虫、适应性广，亩产
250kg 左右，籽粒品质优。（繁种未出苗，资料来源于采集地）

图 3-78　硬白糜子（P140902072）

3.79 糜子（黍）

采集编号：P140921018　　　　　科：禾本科　　　属：黍属　　　　　种：黍稷
收集时间：2020 年　　　　　　　收集地点：山西省忻州市定襄县受禄乡上零山村
主要特征特性：侧密穗型，绿色花序，粒色红，米色淡黄；籽粒千粒重 7.8g，糯性，生育期 112d，属晚熟品种。田间抗旱、耐寒、抗病虫害、耐贫瘠，亩产 150kg 左右，是当地黏糕用主要品种。

图 3-79　糜子（P140921018）

3.80 软白糜子

采集编号：P140921028　　　　　科：禾本科　　　属：黍属　　　　　种：黍稷
收集时间：2020 年　　　　　　　收集地点：山西省忻州市定襄县受禄乡上零山村
主要特征特性：侧穗型，紫色花序，粒色白，米色黄；籽粒千粒重 7.2g，糯性，生育期 119d，属晚熟品种。田间抗旱、耐寒、抗病虫害、耐贫瘠，亩产 100 ～ 150kg，是当地黏糕用主要品种。

图 3-80　软白糜子（P140921028）

3.81 硬白糜子（黍）

采集编号：P140921029　　　　　　科：禾本科　　　属：黍属　　　　　种：黍稷
收集时间：2020 年　　　　　　　　收集地点：山西省忻州市定襄县受禄乡上零山村
主要特征特性：侧穗型，紫色花序，粒色白，米色淡黄；籽粒千粒重 7.0g，糯性，生育期 110d，属晚熟品种。田间抗旱、耐寒、抗病虫害、耐贫瘠，亩产 150kg 左右，是当地黏糕用主要品种。

图 3-81　硬白糜子（P140921029）

3.82 红糜子

采集编号：P140921086　　　　　　科：禾本科　　　属：黍属　　　　　种：黍稷
收集时间：2020 年　　　　　　　　收集地点：山西省忻州市定襄县河边镇戎家庄村
主要特征特性：株高 82 ～ 105cm，穗长 26cm，籽粒红色；糯性，抗旱、耐贫瘠，亩产 150 ～ 200kg。
（繁种未出苗，资料来源于采集地）

图 3-82　红糜子（P140921086）

3.83 软黍子

采集编号：2020142187　　　　　科：禾本科　　　属：黍属　　　　　种：黍稷
收集时间：2020 年　　　　　　　收集地点：山西省忻州市定襄县南王乡南王村
主要特征特性：侧穗型，绿色花序，粒色红，米色淡黄；籽粒千粒重 7.2g，糯性，生育期 96d，属于早熟品种。田间长势旺盛，抗逆性强，丰产性好。黍米食用软糯，是当地油炸糕用主栽品种。

图 3-83　软黍子（2020142187）

3.84 软白糜子

采集编号：2020142189　　　　　科：禾本科　　　属：黍属　　　　　种：黍稷
收集时间：2020 年　　　　　　　收集地点：山西省忻州市定襄县南王乡南王村
主要特征特性：侧穗型，绿色花序，粒色白，米色淡黄；籽粒千粒重 6.9g，糯性，生育期 91d，属于早熟品种。抗逆性强，丰产性好。出米率高，籽粒食用软糯，是当地黏糕用主栽品种。

图 3-84　软白糜子（2020142189）

3.85 红糜子

采集编号：2020142202　　　　　　科：禾本科　　属：黍属　　　　种：黍稷
收集时间：2020 年　　　　　　收集地点：山西省忻州市定襄县南王乡黄场峪村
主要特征特性：侧穗型，绿色花序，粒色红，米色淡黄；籽粒千粒重 7.2g，糯性，生育期 95d，属于早熟品种。丰产性好，籽粒品质优，是当地黏糕用优良品种。

图 3-85　红糜子（2020142202）

3.86 硬糜子

采集编号：2020142204　　　　　　科：禾本科　　属：黍属　　　　种：黍稷
收集时间：2020 年　　　　　　收集地点：山西省忻州市定襄县南王乡藏孤台村
主要特征特性：侧穗型，紫色花序，粒色黄，米色黄；籽粒千粒重 7.7g，粳性，生育期 90d，属于早熟品种。丰产性好，是当地米饭、煎饼和发糕用品种。

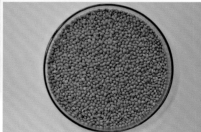

图 3-86　硬糜子（2020142204）

3.87 黍子

采集编号：2020142213　　　　　科：禾本科　　属：黍属　　　　种：黍稷

收集时间：2020 年　　　　　收集地点：山西省忻州市定襄县南王乡戎家庄村

主要特征特性：侧穗型，绿色花序，粒色红，米色淡黄；籽粒千粒重 8.4g，属大粒品种，糯性，生育期 93d，属于早熟品种。黍米食用软糯，品质优，是当地黏糕用主要品种。

图 3-87　黍子（2020142213）

3.88 红糜子（黍）

采集编号：2020142259　　　　　科：禾本科　　属：黍属　　　　种：黍稷

收集时间：2020 年　　　　　收集地点：山西省忻州市定襄县宏道镇西社村

主要特征特性：侧穗型，绿色花序，粒色红，米色淡黄；籽粒千粒重 7.7g，糯性，生育期 92d，属于早熟品种。籽粒食用筋软，品质优，是当地黏糕用主要品种。

图 3-88　红糜子（2020142259）

3.89 白黏糜子

采集编号：2020142266　　　　科：禾本科　　属：黍属　　　　种：黍稷
收集时间：2020 年　　　　　　收集地点：山西省忻州市定襄县宏道镇西社村
主要特征特性：侧穗型，绿色花序，粒白，米色淡黄；籽粒千粒重 6.8g，糯性，生育期 92d，属于早熟品种。丰产性好，出米率高，米粒食用软糯，是当地黏糕用主要品种。

图 3-89　白黏糜子（2020142266）

四、吕梁市

4.1 红黍子

采集编号：P141127015　　　　　　科：禾本科　　　属：黍属　　　　　种：黍稷
收集时间：2020 年　　　　　　　　收集地点：山西省吕梁市岚县河口乡楼底村
主要特征特性：该品种是当地的一个古老品种，耐寒、抗旱、品质优，但产量较其他品种低，现种植少。籽粒可加工成糯米，可做黏糕，营养价值高，口感佳。茎叶可做饲草。（繁种未出苗，资料来源于采集地）

图 4-1　红黍子（P141127015）

4.2 白黍子

采集编号：2023145117　　　　　　科：禾本科　　　属：黍属　　　　　种：黍稷
收集时间：2023 年　　　　　　　　收集地点：山西省吕梁市岚县岚城镇王家村
主要特征特性：侧穗型，绿色花序，粒色白，米色黄；籽粒千粒重 6.9g，糯性，生育期 101d，属于中熟品种。当地立夏播种，9 月收获。抗旱、耐瘠，出米率高。籽粒口感软，适宜做黏糕。

图 4-2　白黍子（2023145117）

4.3 红黍子

采集编号：2023145123　　　　科：禾本科　　　属：黍属　　　　种：黍稷

收集时间：2023 年　　　　　　收集地点：山西省吕梁市岚县岚城镇王家村

主要特征特性：籽粒红色；立夏播种，秋分收获。抗旱、耐瘠，黍米口感好。（繁种未出苗，资料来源于采集地）

图 4-3　红黍子（2023145123）

4.4 黑黍子

采集编号：2023145124　　　　科：禾本科　　　属：黍属　　　　种：黍稷

收集时间：2023 年　　　　　　收集地点：山西省吕梁市岚县岚城镇王家村

主要特征特性：籽粒褐色；立夏播种，秋分收获。抗旱、耐瘠，黍米口感好。（繁种未出苗，资料来源于采集地）

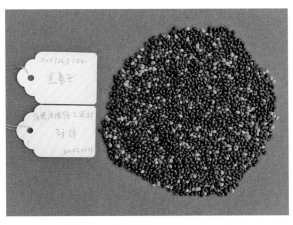

图 4-4　黑黍子（2023145124）

4.5 白黍子

采集编号：2023145165　　　　　　科：禾本科　　　属：黍属　　　　种：黍稷

收集时间：2023 年　　　　　　　　收集地点：山西省吕梁市岚县王狮乡蛤蟆神村

主要特征特性：侧穗型，绿色花序，粒色白，米色淡黄；籽粒千粒重 7.0g，糯性，生育期 101d，属于中熟品种。当地立夏播种，秋分收获。抗旱、耐瘠，产量较低，出米率高。黍米口感软糯，适宜做黏糕、糯米饭等。

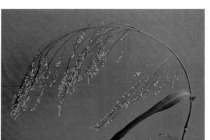

图 4-5　白黍子（2023145165）

4.6 灰黍子

采集编号：2023145168　　　　　　科：禾本科　　　属：黍属　　　　种：黍稷

收集时间：2023 年　　　　　　　　收集地点：山西省吕梁市岚县王狮乡蛤蟆神村

主要特征特性：侧穗型，紫色花序，粒色为白上有一点灰，米色黄；籽粒千粒重 8.3g，属大粒品种，糯性，生育期 120d，属于极晚熟品种。抗旱、耐瘠，出米率高。黍米口感软糯，是做黏糕、糯米饭的好食材。

图 4-6　灰黍子（2023145168）

4.7 浅灰黍子

采集编号：2023145176　　　　　科：禾本科　　属：黍属　　　种：黍稷

收集时间：2023 年　　　　　　　收集地点：山西省吕梁市岚县王狮乡蛤蟆神村

主要特征特性：侧穗型，紫色花序，粒色为白上有一点灰，米色黄；籽粒千粒重 8.1g，属大粒品种，糯性，生育期 110d，属于晚熟品种。当地立夏播种，秋分收获。抗旱、耐瘠，出米率高。黍米口感软糯，适宜做黏糕、糯米饭等。

图 4-7　浅灰黍子（2023145176）

4.8 白黍子

采集编号：2023145203　　　　　科：禾本科　　属：黍属　　　种：黍稷

收集时间：2023 年　　　　　　　收集地点：山西省吕梁市岚县界河口镇赤湾子村

主要特征特性：侧穗型，紫色花序，粒色白，米色黄；籽粒千粒重 6.9g，糯性，生育期 103d，属于中熟品种。抗旱、耐瘠，不抗倒伏，出米率高。黍米口感软糯，适宜做黏糕、糯米饭等。

图 4-8　白黍子（2023145203）

4.9 黄糜子

采集编号：2023145207　　　　　科：禾本科　　属：黍属　　　　种：黍稷

收集时间：2023 年　　　　　收集地点：山西省吕梁市岚县界河口镇赤湾子村

主要特征特性：侧穗型，绿色花序，粒色黄，米色黄；籽粒千粒重 7.4g，粳性，生育期 105d，属于中熟品种。当地夏至播种，秋分收获。抗旱、耐瘠，产量较低。糜米适宜做米饭、煎饼和发糕等。

图 4-9　黄糜子（2023145207）

4.10 黑黍子

采集编号：2023145212　　　　　科：禾本科　　属：黍属　　　　种：黍稷

收集时间：2023 年　　　　　收集地点：山西省吕梁市岚县界河口镇赤湾子村

主要特征特性：籽粒褐色；夏至播种，秋分收获。抗旱、耐瘠，黍米口感好。（繁种未出苗，资料来源于采集地）

图 4-10　黑黍子（2023145212）

4.11 软糜子

采集编号：P141124005　　　　科：禾本科　　属：黍属　　　种：黍稷

收集时间：2020 年　　　　收集地点：山西省吕梁市临县城庄乡新舍窠村

主要特征特性：侧穗型，绿色花序，粒色白，米色淡黄；籽粒千粒重 7.4g，糯性，生育期 120d，属极晚熟品种。喜光、耐寒、抗旱、耐瘠。黍米用来做油炸糕、包粽子，口感好。

图 4-11　软糜子（P141124005）

4.12 黑糜子

采集编号：P141124022　　　　科：禾本科　　属：黍属　　　种：黍稷

收集时间：2020 年　　　　收集地点：山西省吕梁市临县雷家碛乡王家坪村

主要特征特性：侧穗型，绿色花序，粒色褐，米色黄；籽粒千粒重 7.4g，粳性，生育期 115d，属晚熟品种。籽粒食用以米饭、煎饼和发糕为主。穗子长，适宜制作笤帚。

图 4-12　黑糜子（P141124022）

4.13 红糜子（黍）

采集编号：P141124023　　　　　科：禾本科　　　属：黍属　　　　种：黍稷
收集时间：2020 年　　　　　　　收集地点：山西省吕梁市临县雷家碛乡王家坪村
主要特征特性：侧密穗型，绿色花序，株高 1.2m 左右，穗长 20cm 左右，粒色红，米色淡黄；籽粒千粒重 8.4g，属大粒品种，糯性，生育期 115d，属晚熟品种。亩产 150kg 左右，籽粒是当地油炸糕的主要食材。

图 4-13　红糜子（P141124023）

4.14 小红糜子

采集编号：P141124026　　　　　科：禾本科　　　属：黍属　　　　种：黍稷
收集时间：2020 年　　　　　　　收集地点：山西省吕梁市临县石白头乡高家咀村
主要特征特性：侧穗型，绿色花序，粒色褐，米色黄；籽粒千粒重 7.4g，粳性，生育期 118d，属晚熟品种。田间抗旱性强，抗倒伏，不耐黄叶病，分蘖力强。糜米食用以干米饭为主。穗子长，可扎笤帚。

图 4-14　小红糜子（P141124026）

4.15 一点红糜子（黍）

采集编号：P141124029　　　　　科：禾本科　　　属：黍属　　　　　种：黍稷
收集时间：2020 年　　　　　　收集地点：山西省吕梁市临县安家庄乡孝长村
主要特征特性：侧穗型，绿色花序，粒色为白色上有一点红，米色黄；籽粒千粒重 7.5g，糯性，生育期 117d，属晚熟品种。田间抗旱性强，抗倒伏，不耐黄叶病，分蘖力强。籽粒营养丰富，是当地黏糕用主要食材。穗子长，可扎笤帚。

图 4-15　一点红糜子（P141124029）

4.16 红糜子（黍）

采集编号：2023142118　　　　　科：禾本科　　　属：黍属　　　　　种：黍稷
收集时间：2023 年　　　　　　收集地点：山西省吕梁市临县安家庄乡康家岭村
主要特征特性：侧穗型，绿色花序，粒色红，米色黄；籽粒千粒重 7.3g，糯性，生育期 112d，属于晚熟品种。当地芒种播种，秋分收获。抗旱、耐瘠，籽粒是做待客油炸糕的好食材。

图 4-16　红糜子（2023142118）

4.17 糜子（黍）

采集编号：2023142128　　　　科：禾本科　　　属：黍属　　　　种：黍稷

收集时间：2023 年　　　　　　收集地点：山西省吕梁市临县安家庄乡康家岭村

主要特征特性：芒种播种，秋分收获。抗旱、耐瘠。籽粒做油炸糕口感好。（繁种未出苗，资料来源于采集地）

图 4-17　糜子（2023142128）

4.18 红糜子（黍）

采集编号：2023142131　　　　科：禾本科　　　属：黍属　　　　种：黍稷

收集时间：2023 年　　　　　　收集地点：山西省吕梁市临县安家庄乡康家岭村

主要特征特性：侧穗型，绿色花序，粒色红，米色淡黄；籽粒千粒重 6.9g，糯性，生育期 119d，属于晚熟品种。抗旱、耐瘠。籽粒口感筋糯，是当地做油炸糕的主要食材。

图 4-18　红糜子（2023142131）

4.19 黑糜子（黍）

采集编号：2023142132　　　　　　科：禾本科　　　属：黍属　　　　　种：黍稷
收集时间：2023 年　　　　　　　收集地点：山西省吕梁市临县安家庄乡康家岭村
主要特征特性：侧穗型，绿色花序，粒色褐，米色黄；籽粒千粒重 7.8g，糯性，生育期 117d，属于晚熟品种。抗旱、耐瘠。籽粒口感软糯，是当地油炸糕用主要食材。

图 4-19　黑糜子（2023142132）

4.20 白糜子（黍）

采集编号：2023142133　　　　　　科：禾本科　　　属：黍属　　　　　种：黍稷
收集时间：2023 年　　　　　　　收集地点：山西省吕梁市临县安家庄乡康家岭村
主要特征特性：侧穗型，绿色花序，粒色为白色上有一点红，米色黄；籽粒千粒重 7.3g，糯性，生育期 119d，属于晚熟品种。抗旱、耐瘠，出米率高。籽粒口感软糯，是当地油炸糕用主要食材。

图 4-20　白糜子（2023142133）

4.21 二白糜子（黍）

采集编号：2023142138　　　　　科：禾本科　　　属：黍属　　　　　种：黍稷
收集时间：2023 年　　　　　　　收集地点：山西省吕梁市临县安家庄乡康家岭村
主要特征特性：侧穗型，绿色花序，粒色为白色上有一点红，米色黄；籽粒千粒重 7.6g，糯性，生育期 115d，属于晚熟品种。抗旱、耐瘠，出米率高。籽粒口感软糯，是当地黏糕和糯米饭用主要食材。

图 4-21　二白糜子（2023142138）

4.22 黄糜子（黍）

采集编号：2023142144　　　　　科：禾本科　　　属：黍属　　　　　种：黍稷
收集时间：2023 年　　　　　　　收集地点：山西省吕梁市临县安家庄乡武家湾村
主要特征特性：籽粒黄色；芒种播种，秋分收获。抗旱、耐瘠。籽粒做油炸糕口感好。（繁种未出苗，资料来源于采集地）

图 4-22　黄糜子（2023142144）

4.23 一点青糜子

采集编号：2023142163　　　　科：禾本科　　属：黍属　　　　种：黍稷

收集时间：2023 年　　　　　　收集地点：山西省吕梁市临县安家庄乡武家湾村

主要特征特性：粒色为白色上有一点黑；芒种播种，秋分收获。抗旱、耐瘠，粳性，米饭易煮熟。（繁种未出苗，资料来源于采集地）

图 4-23　一点青糜子（2023142163）

4.24 软糜子

采集编号：2023142186　　　　科：禾本科　　属：黍属　　　　种：黍稷

收集时间：2023 年　　　　　　收集地点：山西省吕梁市临县玉坪乡常家坪村

主要特征特性：侧穗型，绿色花序，粒色红，米色黄；籽粒千粒重 8.3g，属大粒品种，糯性，生育期 109d，属于中熟品种。抗旱、耐瘠，丰产性好。籽粒口感筋糯，是做油炸糕的好食材。

图 4-24　软糜子（2023142186）

4.25 硬糜子

采集编号：2023142188　　　　　科：禾本科　　属：黍属　　　　种：黍稷

收集时间：2023 年　　　　　　　收集地点：山西省吕梁市临县玉坪乡常家坪村

主要特征特性：侧穗型，绿色花序，粒色红，米色黄；籽粒千粒重 7.8g，粳性，生育期 110d，属于晚熟品种。当地芒种播种，秋分收获。抗旱、耐瘠，糜米是做发糕、煎饼的好食材。

图 4-25　硬糜子（2023142188）

4.26 黑糜子（黍）

采集编号：2023142189　　　　　科：禾本科　　属：黍属　　　　种：黍稷

收集时间：2023 年　　　　　　　收集地点：山西省吕梁市临县玉坪乡常家坪村

主要特征特性：籽粒褐色；芒种播种，秋分收获。抗旱、耐瘠。籽粒做油糕口感好。（繁种未出苗，资料来源于采集地）

图 4-26　黑糜子（2023142189）

4.27 白黍子

采集编号：2023142192　　　　科：禾本科　　　属：黍属　　　种：黍稷

收集时间：2023 年　　　　　　收集地点：山西省吕梁市临县玉坪乡枣林村

主要特征特性：籽粒白色；芒种播种，秋分收获。抗旱、耐瘠。黍米做油糕口感好。（繁种未出苗，资料来源于采集地）

图 4-27　白黍子（2023142192）

4.28 红糜子（黍）

采集编号：2023142207　　　　科：禾本科　　　属：黍属　　　种：黍稷

收集时间：2023 年　　　　　　收集地点：山西省吕梁市临县雷家碛乡新化村

主要特征特性：侧穗型，绿色花序，粒色红，米色黄；籽粒千粒重 8.8g，属大粒品种，糯性，生育期 94d，属于早熟品种。抗旱、耐瘠，丰产性好。籽粒口感筋糯，是当地油炸糕用主要食材。

图 4-28　红糜子（2023142207）

4.29 黑糜子

采集编号：2023142208　　　　　科：禾本科　　　属：黍属　　　　种：黍稷

收集时间：2023 年　　　　　　　收集地点：山西省吕梁市临县雷家碛乡新化村

主要特征特性：侧穗型，绿色花序，粒色褐，米色黄；籽粒千粒重 7.6g，粳性，生育期 95d，属于早熟品种。当地芒种播种，秋分收获。抗旱、耐瘠，糜米是做发糕、煎饼的好食材。

图 4-29　黑糜子（2023142208）

4.30 黑糜子（黍）

采集编号：P141128017　　　　　科：禾本科　　　属：黍属　　　　种：黍稷

收集时间：2020 年　　　　　　　收集地点：山西省吕梁市方山县圪洞镇东胜山村

主要特征特性：当地传统品种，适应性强，山地、旱地均可种植。生长期较短，一般 80 ～ 90d，是当地主要的救灾补种品种。籽粒食用以做油炸糕为主。（繁种未出苗，资料来源于采集地）

图 4-30　黑糜子（P141128017）

4.31 硬黄米

采集编号：P141128025　　　　　　科：禾本科　　属：黍属　　　　种：黍稷
收集时间：2020 年　　　　　　　　收集地点：山西省吕梁市方山县圪洞镇东胜山村
主要特征特性：侧穗型，紫色花序，粒色白，米色黄；籽粒千粒重 7.3g，粳性，生育期 120d，属极晚熟品种。当地种植历史悠久，一般种植在山地，田间病虫害少，亩产 250kg 左右。糜米主要用于做米饭和煎饼等。

图 4-31　硬黄米（P141128025）

4.32 硬糜子

采集编号：P141122008　　　　　　科：禾本科　　属：黍属　　　　种：黍稷
收集时间：2020 年　　　　　　　　收集地点：山西省吕梁市交城县岭底乡歇马头村
主要特征特性：侧散穗型，绿色花序，粒色黄，米色黄；籽粒千粒重 7.4g，粳性，生育期 105d，属中熟品种。当地一般在芒种时播种，田间抗旱、耐贫瘠。糜米主要用于做米饭、蒸发糕、摊煎饼等。

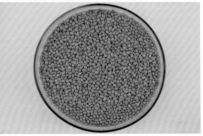

图 4-32　硬糜子（P141122008）

4.33 软糜子

采集编号：P141122015　　　　科：禾本科　　　属：黍属　　　种：黍稷
收集时间：2020 年　　　　　　收集地点：山西省吕梁市交城县水峪贯镇鲁沿村
主要特征特性：侧穗型，紫色花序，粒色白，米色淡黄；籽粒千粒重 7.0g，糯性，生育期 109d，属中熟品种。抗倒伏，抗病虫害，耐水肥，丰产性好。籽粒用于蒸黄糕、包粽子、做油炸糕等。穗子长，适宜做笤帚。

图 4–33　软糜子（P141122015）

4.34 红糜糜（黍）

采集编号：P141122016　　　　科：禾本科　　　属：黍属　　　种：黍稷
收集时间：2020 年　　　　　　收集地点：山西省吕梁市交城县水峪贯镇鲁沿村
主要特征特性：侧密穗型，绿色花序，粒色红，米色黄；籽粒千粒重 8.2g，属大粒品种，糯性，生育期 120d，属极晚熟品种。在当地种植历史悠久，抗逆性强，丰产性好，亩产量 250 ～ 300kg。籽粒品质优，是黏糕用优良食材。

图 4–34　红糜糜（P141122016）

4.35 黑软糜

采集编号：P141122019　　　　　科：禾本科　　属：黍属　　　　种：黍稷
收集时间：2020 年　　　　　　　收集地点：山西省吕梁市交城县水峪贯镇青岩村
主要特征特性：侧穗型，绿色花序，粒色褐，米色黄；籽粒千粒重 8.0g，属大粒品种，糯性，生育期 120d，属极晚熟品种。当地种植历史悠久，田间病虫害少，抗逆性强。米质口感软糯，是当地主要的黏糕用品种。

图 4-35　黑软糜（P141122019）

4.36 黑软糜子

采集编号：P141102009　　　　　科：禾本科　　属：黍属　　　　种：黍稷
收集时间：2020 年　　　　　　　收集地点：山西省吕梁市离石区信义镇崖窑湾村
主要特征特性：侧穗型，绿色花序，粒色褐，米色黄；籽粒千粒重 7.4g，糯性，生育期 112d，属晚熟品种。耐旱、耐瘠薄，不抗倒伏，一般在山坡地、旱地种植，亩产 150～200kg。米质筋软，糯性好，是黏糕用优良品种。

图 4-36　黑软糜子（P141102009）

4.37 红糯糜子

采集编号：P141102010　　　　　科：禾本科　　属：黍属　　　　种：黍稷
收集时间：2021 年　　　　　　　收集地点：山西省吕梁市离石区信义镇崖窑湾村
主要特征特性：侧穗型，绿色花序，粒色红，米色黄；籽粒千粒重 7.6g，糯性，生育期 115d，属晚熟品种。田间耐旱、耐瘠薄，丰产性好，亩产可达 250kg 左右。黍米糯性好，是当地黏糕用主栽品种。

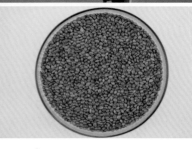

图 4–37　红糯糜子（P141102010）

4.38 一点红软糜子

采集编号：P141102019　　　　　科：禾本科　　属：黍属　　　　种：黍稷
收集时间：2020 年　　　　　　　收集地点：山西省吕梁市离石区坪头乡虎山村
主要特征特性：侧穗型，绿色花序，粒色为白色上有一点红，米色黄；籽粒千粒重 7.6g，糯性，生育期 120d，属极晚熟品种。田间抗逆性强，黍米糯性好，是做油炸糕的上好食材。

图 4–38　一点红软糜子（P141102019）

4.39 红软糜子

采集编号：P141102024　　　　　科：禾本科　　属：黍属　　　　种：黍稷
收集时间：2020 年　　　　　　　收集地点：山西省吕梁市离石区枣林乡袁家坡底村
主要特征特性：侧穗型，绿色花序，粒色红，米色黄；籽粒千粒重 8.2g，属大粒品种，糯性，生育期 120d，属极晚熟品种。田间抗干旱、抗倒伏、抗寒、抗黑穗病。籽粒糯性好，适宜做黏糕。

图 4-39　红软糜子（P141102024）

4.40 白软糜子

采集编号：P141102027　　　　　科：禾本科　　属：黍属　　　　种：黍稷
收集时间：2020 年　　　　　　　收集地点：山西省吕梁市离石区枣林乡柳树局村
主要特征特性：侧穗型，绿色花序，粒色白，米色黄；籽粒千粒重 7.1g，糯性，生育期 120d，属极晚熟品种。田间抗干旱，耐瘠薄，米质软糯，适宜做黏糕。

图 4-40　白软糜子（P141102027）

4.41 红糜子（黍）

采集编号：P141121010　　　　　科：禾本科　　　　属：黍属　　　　种：黍稷

收集时间：2020 年　　　　　　收集地点：山西省吕梁市文水县苍儿会办事处大村

主要特征特性：田间病虫害少，对水肥要求不高，当地年降水量即可满足生长需要。籽粒做糕面食用，口感筋软。（繁种未出苗，资料来源于采集地）

图 4-41　红糜子（P141121010）

4.42 紫秆糜（黍）

采集编号：P141125032　　　　　科：禾本科　　　　属：黍属　　　　种：黍稷

收集时间：2020 年　　　　　　收集地点：山西省吕梁市柳林县李家湾乡孔家山村

主要特征特性：侧穗型，紫色花序，粒色白，米色黄；籽粒千粒重 7.5g，糯性，生育期 120d，属极晚熟品种。亩产 300kg 左右，籽粒可以养胃健胃、补气益气，是做黏糕、熬米粥、包粽子的最佳原料。

图 4-42　紫秆糜（P141125032）

4.43 红糜子（黍）

采集编号：P141182005　　　　　科：禾本科　　　属：黍属　　　　　种：黍稷
收集时间：2020 年　　　　　　　收集地点：山西省吕梁市汾阳市峪道河镇后沟村
主要特征特性：侧密穗型，绿色花序，粒色红，米色黄；籽粒千粒重 8.6g，属大粒品种，糯性，生育期 119d，属晚熟品种。田间耐旱、抗病、抗倒伏，亩产 150 ～ 200kg。黍米用于制作黏糕、粽子、腊八粥等食品，口感软糯，品质上好。

图 4-43　红糜子（P141182005）

4.44 黄洋

采集编号：P141182029　　　　　科：禾本科　　　属：黍属　　　　　种：黍稷
收集时间：2020 年　　　　　　　收集地点：山西省吕梁市汾阳市峪道河镇王盛庄村
主要特征特性：侧散穗型，绿色花序，粒色白，米色黄；籽粒千粒重 6.6g，糯性，生育期 120d，属极晚熟品种。亩产 150kg 左右，米质软糯，宜做黏糕食用。

图 4-44　黄洋（P141182029）

4.45 黑贝糜子（黍）

采集编号：P141129025　　　　　科：禾本科　　　属：黍属　　　　　种：黍稷
收集时间：2020 年　　　　　　收集地点：山西省吕梁市中阳县暖泉镇冯家圪台村
主要特征特性：侧穗型，绿色花序，粒色白，米色黄；籽粒千粒重 8.2g，属大粒品种，糯性，生育期 120d，属极晚熟品种。适应性广，耐干旱、耐瘠薄，抗黑穗病。籽粒糯性好，是当地主要的黏糕用品种。

图 4-45　黑贝糜子（P141129025）

4.46 糜子（黍）

采集编号：P141181024　　　　　科：禾本科　　　属：黍属　　　　　种：黍稷
收集时间：2020 年　　　　　　收集地点：山西省吕梁市孝义市南阳乡达苏村
主要特征特性：株高 1.5 ～ 1.6m，侧穗型，绿色花序，粒色红，米色黄；籽粒千粒重 8.3g，属大粒品种。糯性，生育期 120d，属极晚熟品种，亩产 100kg 以上。籽粒磨面做油炸糕软糯，口感好。

图 4-46　糜子（P141181024）

4.47 黑糜子（黍）

采集编号：P141181026　　　　　科：禾本科　　　属：黍属　　　　　种：黍稷
收集时间：2020年　　　　　　　收集地点：山西省吕梁市孝义市南阳乡卜家峪村
主要特征特性：株高1m左右，侧穗型，绿色花序，粒色褐，米色黄；籽粒千粒重8.4g，属大粒品种，糯性，生育期120d，属极晚熟品种，亩产100kg左右。籽粒做油炸糕软糯，口感好。

图4-47　黑糜子（P141181026）

4.48 笤帚糜

采集编号：P141130006　　　　　科：禾本科　　　属：黍属　　　　　种：黍稷
收集时间：2020年　　　　　　　收集地点：山西省吕梁市交口县石口乡张家川村
主要特征特性：侧穗型，绿色花序，粒色黄，米色黄；籽粒千粒重7.6g，粳性，生育期117d，属晚熟品种。田间抗黑穗病、条斑病，抗倒伏，适应性强，亩产100kg左右。籽粒主要用于磨面吃窝窝，口感好。穗子长且柔韧性好，适宜制作笤帚。

图4-48　笤帚糜（P141130006）

4.49 糜子

采集编号：P141130039　　　　　　科：禾本科　　　属：黍属　　　　种：黍稷

收集时间：2021 年　　　　　　　收集地点：山西省吕梁市交口县桃红坡镇乡高家条村

主要特征特性：侧穗型，绿色花序，粒色白，米色黄；籽粒千粒重 6.9g，粳性，生育期 97d，属早熟品种。抗黑穗病、条斑病，少有虫害，适应性强，亩产 100kg 左右。籽粒以磨面后吃窝窝为主。穗头柔韧性好，可做笤帚。

图 4-49　糜子（P141130039）

4.50 白糜子（黍）

采集编号：P141130043　　　　　　科：禾本科　　　属：黍属　　　　种：黍稷

收集时间：2021 年　　　　　　　收集地点：山西省吕梁市交口县桃红坡镇乡高堡村

主要特征特性：侧密穗型，绿色花序，粒色白，米色黄；籽粒千粒重 7.6g，糯性，生育期 105d，属中熟品种。亩产 100kg 左右，籽粒食用口感好，主要用于做油炸糕食用。

图 4-50　白糜子（P141130043）

4.51 软黍子

采集编号：2023141110　　　　　科：禾本科　　属：黍属　　　　种：黍稷
收集时间：2023 年　　　　　　收集地点：山西省吕梁市交口县石口镇岭后村
主要特征特性：小满播种，秋分收获。抗旱、耐瘠。黍米口感软糯。（繁种未出苗，资料来源于采集地）

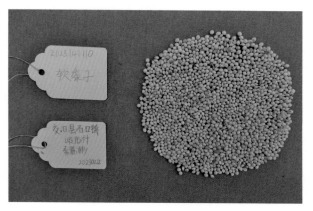

图 4-51　软黍子（2023141110）

4.52 糜子

采集编号：2023141120　　　　　科：禾本科　　属：黍属　　　　种：黍稷
收集时间：2023 年　　　　　　收集地点：山西省吕梁市交口县石口镇龙神殿村
主要特征特性：侧穗型，绿色花序，粒色黄，米色黄；籽粒千粒重 7.2g，粳性，生育期 105d，属于中熟品种。当地谷雨播种，白露收获。抗旱、耐瘠。糜米主要用于做米饭、蒸发糕和摊煎饼，味道香。

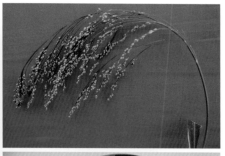

图 4-52　糜子（2023141120）

4.53 糜子（黍）

采集编号：2023141146　　　　　　科：禾本科　　　属：黍属　　　　种：黍稷
收集时间：2023 年　　　　　　　　收集地点：山西省吕梁市交口县康城镇上村
主要特征特性：侧穗型，绿色花序，粒色红，米色黄；籽粒千粒重 7.5g，糯性，生育期 108d，属于中熟品种。抗旱、耐瘠。籽粒口感软糯，主要用于做油炸糕、蒸糯米饭等。

图 4-53　糜子（2023141146）

4.54 白黍子

采集编号：2023141148　　　　　　科：禾本科　　　属：黍属　　　　种：黍稷
收集时间：2023 年　　　　　　　　收集地点：山西省吕梁市交口县康城镇上村
主要特征特性：小暑播种，秋分收获。抗旱、耐瘠。籽粒口感好。（繁种未出苗，资料来源于采集地）

图 4-54　白黍子（2023141148）

4.55 糜子（黍）

采集编号：2023141151　　　　　　科：禾本科　　属：黍属　　　　种：黍稷

收集时间：2023 年　　　　　　　　收集地点：山西省吕梁市交口县桃红坡镇高家条村

主要特征特性：侧密穗型，绿色花序，粒色白，米色淡黄；籽粒千粒重 7.7g，糯性，生育期 126d，属于极晚熟品种。抗旱、耐瘠，丰产性好，出米率高。籽粒口感软糯，是当地黏糕用优良品种。

图 4-55　糜子（2023141151）

4.56 糜黍

采集编号：2023141178　　　　　　科：禾本科　　属：黍属　　　　种：黍稷

收集时间：2023 年　　　　　　　　收集地点：山西省吕梁市交口县温泉乡樊家沿村

主要特征特性：侧穗型，绿色花序，粒色白，米色黄；籽粒千粒重 7.3g，糯性，生育期 113d，属于晚熟品种。当地小满播种，秋分收获。抗旱、耐瘠，出米率高。黍米口感软糯，是当地黏糕用主要品种。

图 4-56　糜黍（2023141178）

4.57 红糜子（黍）

采集编号：2023141188　　　　　科：禾本科　　属：黍属　　　　种：黍稷
收集时间：2023 年　　　　　　　收集地点：山西省吕梁市交口县温泉乡杨条村
主要特征特性：侧穗型，绿色花序，粒色红，米色黄；籽粒千粒重 8.3g，属大粒品种，糯性，生育期 119d，属于晚熟品种。当地芒种播种，秋分收获。抗旱、耐瘠。籽粒口感软糯，是做黏糕和蒸糯米饭的主要品种。

图 4-57　红糜子（2023141188）

4.58 糜黍

采集编号：2023141195　　　　　科：禾本科　　属：黍属　　　　种：黍稷
收集时间：2023 年　　　　　　　收集地点：山西省吕梁市交口县双池镇苇沟村
主要特征特性：侧穗型，绿色花序，粒色白，米色淡黄；籽粒千粒重 7.6g，糯性，生育期 123d，属于极晚熟品种。当地夏至播种，秋分收获。抗旱、耐瘠，出米率高。黍米口感软糯，是做黏糕的好食材。

图 4-58　糜黍（2023141195）

4.59 糜黍

采集编号：2023141206　　　　　科：禾本科　　属：黍属　　　　种：黍稷

收集时间：2023 年　　　　　　收集地点：山西省吕梁市交口县回龙镇陶上村

主要特征特性：侧穗型，绿色花序，粒色白，米色淡黄；籽粒千粒重 7.6g，糯性，生育期 123d，属于极晚熟品种。当地立夏播种，秋分收获。抗旱、耐瘠，出米率高。黍米口感软糯，主要用于做黏糕、蒸糯米饭等。

图 4-59　糜黍（2023141206）

五、阳泉市

5.1 白黍

采集编号：P140322014 　　　　　　科：禾本科　　　属：黍属　　　　　种：黍稷
收集时间：2021 年　　　　　　　　收集地点：山西省阳泉市平定县盂县苌池乡上王村
主要特征特性：侧穗型，绿色花序，粒色白，米色淡黄；籽粒千粒重 7.3g，糯性，生育期 115d，属于晚熟品种。田间抗旱性较强，耐寒、耐贫瘠、耐盐碱，抗病虫害，是当地主要的调剂杂粮。

图 5-1　白黍（P140322014）

5.2 小黍子

采集编号：P140322036 　　　　　　科：禾本科　　　属：黍属　　　　　种：黍稷
收集时间：2020 年　　　　　　　　收集地点：山西省阳泉市平定县盂县西烟镇南头村
主要特征特性：侧散穗型，绿色花序，粒色黄，米色黄；籽粒千粒重 7.1g，糯性，生育期 105d，属于中熟品种。田间抗旱性较强，耐寒、耐贫瘠、耐盐碱，抗病虫害。产量较低，一般亩产 150kg 左右。籽粒糯性较差，宜做发糕用。

图 5-2　小黍子（P140322036）

5.3 黍子

采集编号：2021141001　　　　　科：禾本科　　属：黍属　　　　　种：黍稷
收集时间：2021 年　　　　　　　收集地点：山西省阳泉市盂县仙人乡里山南村
主要特征特性：侧穗型，绿色花序，粒色红，米色黄；籽粒千粒重 7.0g，糯性，生育期 106d，属于中熟品种。丰产性好，抗逆性强，是当地黏糕用主栽品种。

图 5-3　黍子（2021141001）

5.4 黍子

采集编号：2021141018　　　　　科：禾本科　　属：黍属　　　　　种：黍稷
收集时间：2021 年　　　　　　　收集地点：山西省阳泉市盂县仙人乡石跪村
主要特征特性：侧穗型，绿色花序，粒色白，米色黄；籽粒千粒重 6.8g，糯性，生育期 104d，属于中熟品种。抗逆性强，丰产性好，出米率高，是当地黏糕用主栽品种。

图 5-4　黍子（2021141018）

5.5 黍子

采集编号：2021141033 　　　　科：禾本科 　　属：黍属 　　　　种：黍稷
收集时间：2021 年 　　　　收集地点：山西省阳泉市盂县西潘乡铜炉寨村
主要特征特性：侧密穗型，绿色花序，粒色红，米色淡黄；籽粒千粒重 8.1g，属大粒品种，糯性，生育期 104d，属于中熟品种。田间长势旺盛，丰产性好。黍米食用软糯，是当地黏糕用主栽品种。

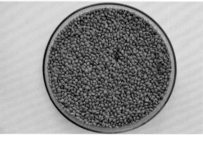

图 5-5 黍子（2021141033）

5.6 糜子

采集编号：2021141038 　　　　科：禾本科 　　属：黍属 　　　　种：黍稷
收集时间：2021 年 　　　　收集地点：山西省阳泉市盂县西潘乡车谷村
主要特征特性：侧穗型，绿色花序，粒色黄，米色黄；籽粒千粒重 5.9g，粳性，生育期 111d，属于晚熟品种。糜米是米饭、发糕和折饼的主要食材。

图 5-6 糜子（2021141038）

5.7 黍子

采集编号：2021141039　　　　　　科：禾本科　　属：黍属　　　　种：黍稷
收集时间：2021 年　　　　　　　　收集地点：山西省阳泉市盂县西潘乡车谷村
主要特征特性：侧穗型，绿色花序，粒色白，米色黄；籽粒千粒重 7.0g，糯性，生育期 109d，属于中熟品种。出米率高，黍米食用软糯，是当地黏糕用主栽品种。

图 5-7　黍子（2021141039）

5.8 黍子

采集编号：2021141056　　　　　　科：禾本科　　属：黍属　　　　种：黍稷
收集时间：2021 年　　　　　　　　收集地点：山西省阳泉市盂县西烟镇北社村
主要特征特性：侧穗型，绿色花序，粒色红，米色黄；籽粒千粒重 7.7g，糯性，生育期 100d，属于中熟品种。黍米食用软糯，是当地黏糕用主栽品种。

图 5-8　黍子（2021141056）

5.9 黍子

采集编号：2021141087　　　　科：禾本科　　属：黍属　　　种：黍稷

收集时间：2021 年　　　　　　收集地点：山西省阳泉市盂县西烟镇白家庄村

主要特征特性：侧穗型，绿色花序，粒色红，米色黄；籽粒千粒重 8.0g，属大粒品种，糯性，生育期 99d，属于早熟品种。黍米食用软糯，是当地主要黏糕用品种。

图 5-9　黍子（2021141087）

5.10 白黍子（稷）

采集编号：2021141092　　　　科：禾本科　　属：黍属　　　种：黍稷

收集时间：2021 年　　　　　　收集地点：山西省阳泉市盂县西烟镇白家庄村

主要特征特性：散穗型，绿色花序，粒色白，米色黄；籽粒千粒重 4.4g，粳性，生育期 76d，属于特早熟品种。抗逆性强，落粒性强，产量低，主要用于救灾补种。籽粒食用以米饭为主。

图 5-10　白黍子（2021141092）

5.11 黑黍

采集编号：2021141101　　　　　　科：禾本科　　　属：黍属　　　　　种：黍稷
收集时间：2021 年　　　　　　　　收集地点：山西省阳泉市盂县仙人乡东庄头村
主要特征特性：侧穗型，绿色花序，粒色褐，米色黄；籽粒千粒重 7.4g，糯性，生育期 100d，属于中熟品种。长势旺盛，丰产性好。黍米食用软糯，是当地主要的黏糕用品种。

图 5-11　黑黍（2021141101）

5.12 红黍子

采集编号：2021141110　　　　　　科：禾本科　　　属：黍属　　　　　种：黍稷
收集时间：2021 年　　　　　　　　收集地点：山西省阳泉市盂县仙人乡东庄头村
主要特征特性：侧密穗型，绿色花序，粒色红，米色黄；籽粒千粒重 8.6g，属大粒品种，糯性，生育期 94d，属于早熟品种。田间长势旺盛，丰产性好。黍米食用软糯，是当地主要的黏糕用优良品种。

图 5-12　红黍子（2021141110）

5.13 稷子

采集编号：P140311048　　　　科：禾本科　　属：黍属　　　　种：黍稷

收集时间：2021 年　　　　收集地点：山西省阳泉市郊区西南舁乡西南舁村

主要特征特性：侧散穗型，绿色花序，粒色黄，米色黄；籽粒千粒重 7.0g，粳性，生育期 100d，属于中熟品种。田间抗旱性较强，耐寒、耐贫瘠、耐盐碱，抗病虫害，是当地米饭和发糕用主要品种。

图 5-13　稷子（P140311048）

5.14 黍

采集编号：P140311053　　　　科：禾本科　　属：黍属　　　　种：黍稷

收集时间：2021 年　　　　收集地点：山西省阳泉市郊区河底镇河底村

主要特征特性：侧密穗型，绿色花序，粒色红，米色黄；籽粒千粒重 7.7g，糯性，生育期 97d，属于早熟品种。田间抗旱性较强，耐寒、耐贫瘠、耐盐碱，抗病虫害，当地一般亩产量 150kg 左右。黍米黏糕用软糯，适口性好。

图 5-14　黍（P140311053）

5.15 红黍

采集编号：P140311061　　　　　科：禾本科　　属：黍属　　　种：黍稷
收集时间：2021 年　　　　　　收集地点：山西省阳泉市郊区西南舁乡霍树头村
主要特征特性：侧密穗型，绿色花序，粒色红，米色黄；籽粒千粒重 7.7g，糯性，生育期 102d，属于中熟品种。田间抗旱性较强，耐寒、耐贫瘠、耐盐碱，抗病虫害，分蘖和分枝多，丰产性好，是当地古老农家种。

图 5-15　红黍（P140311061）

5.16 红黍

采集编号：P140321017　　　　　科：禾本科　　属：黍属　　　种：黍稷
收集时间：2020 年　　　　　　收集地点：山西省阳泉市平定县东回镇前石窑村
主要特征特性：侧穗型，绿色花序，粒色红，米色黄；籽粒千粒重 7.8g，糯性，生育期 119d，属于晚熟品种。抗逆性强，亩产 150 ～ 200kg，是当地雨养旱地优良品种，也是品质上好的黏糕用品种。

图 5-16　红黍（P140321017）

5.17 红糜黍

采集编号：P140321050 科：禾本科 属：黍属 种：黍稷

收集时间：2021 年 收集地点：山西省阳泉市平定县岔口乡青阳村

主要特征特性：侧密穗型，绿色花序，粒色红，米色黄；籽粒千粒重 8.0g，属大粒品种，糯性，生育期 94d，属于早熟品种。田间抗旱性较强，耐寒、耐贫瘠、耐盐碱，抗病虫害。丰产性好，是当地主要的麦茬复播品种。

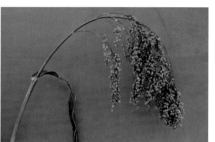

图 5-17 红糜黍（P140321050）

5.18 灰糜黍

采集编号：P140321060 科：禾本科 属：黍属 种：黍稷

收集时间：2021 年 收集地点：山西省阳泉市平定县东回镇前石窑村

主要特征特性：侧穗型，绿色花序，粒色灰，米色黄；籽粒千粒重 7.1g，糯性，生育期 102d，属于中熟品种。田间抗旱性较强，耐寒、耐贫瘠、耐盐碱，抗病虫害，是当地黏糕用优良品种。

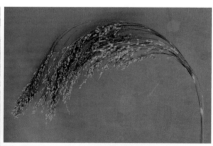

图 5-18 灰糜黍（P140321060）

六、太原市

6.1 黑糜子（黍）

采集编号：P140122013　　　　　　科：禾本科　　属：黍属　　　　　种：黍稷
收集时间：2020 年　　　　　　　　收集地点：山西省太原市阳曲县西凌井乡下善姑村
主要特征特性：株高中等，侧散穗型；籽粒糯性，田间抗旱性强，耐低温、耐贫瘠。（繁种未出苗，资料来源于采集地）

图 6-1　黑糜子（P140122013）

6.2 红黍子

采集编号：P140122039　　　　　　科：禾本科　　属：黍属　　　　　种：黍稷
收集时间：2020 年　　　　　　　　收集地点：山西省太原市阳曲县凌井店乡西郭湫村
主要特征特性：株高 1.5～1.6m；生育期 100d 左右，抗旱性、耐寒性好，产量较高，不抗倒伏。籽粒糯性，面质口感好。（繁种未出苗，资料来源于采集地）

图 6-2　红黍子（P140122039）

6.3 黍子

采集编号：P140122046　　　　科：禾本科　　属：黍属　　　　种：黍稷
收集时间：2020 年　　　　　　收集地点：山西省太原市阳曲县凌井店乡西头村
主要特征特性：侧穗型，绿色花序，粒色为白色上有一点棕，米色淡黄；籽粒千粒重 7.0g，糯性，生育期 105d，属于中熟品种。田间抗旱性强，抗黑穗病，中抗锈病。黍米黏糕用筋软，品质好。

图 6-3　黍子（P140122046）

6.4 糜子（黍）

采集编号：P140122052　　　　科：禾本科　　属：黍属　　　　种：黍稷
收集时间：2020 年　　　　　　收集地点：山西省太原市阳曲县泥屯镇耀子村
主要特征特性：侧密穗型，绿色花序，粒色红，米色黄；籽粒千粒重 8.4g，属大粒品种，糯性，生育期 115d，属于晚熟品种。田间抗旱性好，耐寒、耐贫瘠，产量较高，是黏糕用品种。

图 6-4　糜子（P140122052）

6.5 硬糜子

采集编号：P140122060　　　　　　科：禾本科　　　属：黍属　　　　　种：黍稷
收集时间：2020 年　　　　　　　　收集地点：山西省太原市阳曲县北小店乡海子湾村
主要特征特性：散穗型，绿色花序，粒色黄，米色黄；籽粒千粒重 7.5g，粳性，生育期 105d，属于中熟品种。田间抗旱性强，耐寒、耐贫瘠。籽粒蛋白质含量高，品质好，是当地米饭用品种。

图 6-5　硬糜子（P140122060）

6.6 大红软糜

采集编号：P140122071　　　　　　科：禾本科　　　属：黍属　　　　　种：黍稷
收集时间：2020 年　　　　　　　　收集地点：山西省太原市阳曲县大盂镇金家岗村
主要特征特性：侧穗型，绿色花序，粒色红，米色黄；籽粒千粒重 8.7g，属大粒品种，糯性，生育期 105d，属于中熟品种。田间抗旱性强，耐寒、耐贫瘠。籽粒蛋白质含量高，黏糕用品质好。

图 6-6　大红软糜（P140122071）

6.7 金软黍

采集编号：P140122072　　　　　科：禾本科　　　属：黍属　　　　种：黍稷

收集时间：2020 年　　　　　　　收集地点：山西省太原市阳曲县大盂镇金家岗村

主要特征特性：侧散穗型，绿色花序，粒色黄，米色淡黄；籽粒千粒重 8.1g，属大粒品种，糯性，生育期 110d，属于晚熟品种。田间抗旱性强，耐寒、耐贫瘠，产量较高。籽粒蛋白质含量较高，品质好，适合黏糕用，也是酿造黄酒的优质原料，是综合性状优良品种。

图 6-7　金软黍（P140122072）

6.8 灰糜子（黍）

采集编号：2021142001　　　　　科：禾本科　　　属：黍属　　　　种：黍稷

收集时间：2021 年　　　　　　　收集地点：山西省太原市阳曲县杨兴乡鄀都村

主要特征特性：侧散穗型，紫色花序，粒色为白色有一点灰，米色黄；籽粒千粒重 6.2g，糯性，生育期 88d，属于特早熟品种。籽粒糯性好，是当地做油炸糕用食材。

图 6-8　灰糜子（2021142001）

6.9 红糜子（黍）

采集编号：2021142007 　　　　　科：禾本科　　　属：黍属　　　　　种：黍稷
收集时间：2021 年 　　　　　　　收集地点：山西省太原市阳曲县杨兴乡鄩都村
主要特征特性：侧密穗型，绿色花序，粒色红，米色黄；籽粒千粒重 7.8，糯性，生育期 94d，属于早熟品种。丰产性好，是当地油炸糕用主栽品种。

图 6-9　红糜子（2021142007）

6.10 硬黍子

采集编号：2021142009 　　　　　科：禾本科　　　属：黍属　　　　　种：黍稷
收集时间：2021 年 　　　　　　　收集地点：山西省太原市阳曲县杨兴乡鄩都村
主要特征特性：侧穗型，绿色花序，粒色白，米色黄；籽粒千粒重 6.9g，粳性，生育期 87d，属于特早熟品种。常用来救灾补种，产量较低。籽粒主要用于蒸发糕、摊煎饼食用。

图 6-10　硬黍子（2021142009）

6.11 黑糜子（黍）

采集编号：2021142035　　　　　　科：禾本科　　　属：黍属　　　　种：黍稷
收集时间：2021年　　　　　　收集地点：山西省太原市阳曲县杨兴乡温川村
主要特征特性：侧穗型，紫色花序，粒色褐，米色黄；籽粒千粒重8.0g，属大粒品种，糯性，生育期111d，属于晚熟品种。丰产性好，籽粒食用软糯，是当地油炸糕用主栽品种。

图6-11　黑糜子（2021142035）

6.12 黑糜子（黍）

采集编号：2021142039　　　　　　科：禾本科　　　属：黍属　　　　种：黍稷
收集时间：2021年　　　　　　收集地点：山西省太原市阳曲县侯村乡尧子尚村
主要特征特性：侧穗型，紫色花序，粒色褐，米色黄；籽粒千粒重8.1g，属大粒品种，糯性，生育期94d，属于早熟品种。丰产性好，籽粒食用软糯，是当地黏糕用主栽品种。

图6-12　黑糜子（2021142039）

6.13 红糜子（黍）

采集编号：2021142053　　　　　　科：禾本科　　　属：黍属　　　　　种：黍稷

收集时间：2021 年　　　　　　　收集地点：山西省太原市阳曲县侯村乡尧子尚村

主要特征特性：侧穗型，绿色花序，粒色红，米色黄；籽粒千粒重 7.6g，糯性，生育期 92d，属于早熟品种。抗逆性强，丰产性好，籽粒是做油炸糕的主要食材。

图 6-13　红糜子（2021142053）

6.14 红软黍子

采集编号：2021142069　　　　　　科：禾本科　　　属：黍属　　　　　种：黍稷

收集时间：2021 年　　　　　　　收集地点：山西省太原市阳曲县西凌井乡西凌井村

主要特征特性：侧穗型，绿色花序，粒色红，米色黄；籽粒千粒重 8.1g，属大粒品种，糯性，生育期 92d，属于早熟品种。丰产性好，黍米食用软糯，是当地油炸糕用主栽品种。

图 6-14　红软黍子（2021142069）

6.15 硬糜子

采集编号：2021142087　　　　　　　科：禾本科　　　属：黍属　　　　　种：黍稷
收集时间：2021 年　　　　　　　　　收集地点：山西省太原市阳曲县西凌井乡北小店村
主要特征特性：籽粒黄色；谷雨种，秋分收。糜米主要用于摊煎饼，口感佳。（繁种未出苗，资料来源于采集地）

图 6-15　硬糜子（2021142087）

6.16 黑软糜子

采集编号：2021142088　　　　　　　科：禾本科　　　属：黍属　　　　　种：黍稷
收集时间：2021 年　　　　　　　　　收集地点：山西省太原市阳曲县西凌井乡北小店村
主要特征特性：籽粒褐色；谷雨种，秋分收，籽粒口感软糯。（繁种未出苗，资料来源于采集地）

图 6-16　黑软糜子（2021142088）

6.17 白软糜子

采集编号：2021142089　　　　　　科：禾本科　　　属：黍属　　　　　种：黍稷
收集时间：2021 年　　　　　　　　收集地点：山西省太原市阳曲县西凌井乡北小店村
主要特征特性：侧穗型，绿色花序，粒色白，米色黄；籽粒千粒重 6.7g，糯性，生育期 101d，属于中熟品种。出米率高，黍米糯性好，当地以油炸糕食用为主。

图 6-17　白软糜子（2021142089）

6.18 大白黍

采集编号：P140123013　　　　　　科：禾本科　　　属：黍属　　　　　种：黍稷
收集时间：2020 年　　　　　　　　收集地点：山西省太原市娄烦县庙湾乡庙湾村
主要特征特性：侧穗型，紫色花序，粒色为白色上一点棕，米色黄；籽粒千粒重 7.0g，糯性，生育期 110d，属于晚熟品种。田间抗旱性较强，耐寒、耐贫瘠。面质口感软糯，宜做黏糕用。

图 6-18　大白黍（P140123013）

6.19 金软黍

采集编号：P140123014　　　科：禾本科　　属：黍属　　　　种：黍稷
收集时间：2020 年　　　　　收集地点：山西省太原市娄烦县庙湾乡庙湾村
主要特征特性：侧散穗型，绿色花序，粒色黄，米色黄；籽粒千粒重 7.8g，糯性，生育期 110d，属于晚熟品种。田间抗旱性较强，耐寒、耐贫瘠。黍米口感软糯，宜做黏糕用。

图 6-19　金软黍（P140123014）

6.20 硬糜子

采集编号：P140123015　　　科：禾本科　　属：黍属　　　　种：黍稷
收集时间：2020 年　　　　　收集地点：山西省太原市娄烦县米峪乡岔儿上村
主要特征特性：侧散穗型，绿色花序，粒色黄，米色黄；籽粒千粒重 7.8g，粳性，生育期 105d，属于中熟品种。田间抗旱性较强，耐寒、耐贫瘠。糜米口感较硬，宜做米饭和发糕。

图 6-20　硬糜子（P140123015）

6.21 红黍子

采集编号：P140123016　　　　　　科：禾本科　　　属：黍属　　　　种：黍稷
收集时间：2020 年　　　　　　　　收集地点：山西省太原市娄烦县庙湾乡庙湾村
主要特征特性：侧穗型，绿色花序，粒色红，米色黄；籽粒千粒重 8.0g，属大粒品种，糯性，生育期 120d，属于特晚熟品种。田间抗旱性较强，耐寒、耐贫瘠。籽粒蛋白质含量高，品质较好，是当地有代表性的优良特色黏糕用种。

图 6-21　红黍子（P140123016）

6.22 黄黍子

采集编号：P140123058　　　　　　科：禾本科　　　属：黍属　　　　种：黍稷
收集时间：2020 年　　　　　　　　收集地点：山西省太原市娄烦县庙湾乡羊圈庄村
主要特征特性：侧散穗型，绿色花序，粒色黄，米色黄；籽粒千粒重 8.0g，属大粒品种，糯性，生育期 110d，属于晚熟品种。田间抗旱、耐寒、耐贫瘠。籽粒蛋白质含量高，筋糯性好，是良好的黏糕用品种。

图 6-22　黄黍子（P140123058）

6.23 黄卢山黍子

采集编号：P140181023　　　　　　科：禾本科　　　属：黍属　　　　　种：黍稷
收集时间：2021 年　　　　　　　收集地点：山西省太原市古交市阁上乡阁上村
主要特征特性：散穗型，绿色花序，粒色黄，米色黄；籽粒千粒重 7.3g，糯性，生育期 95d，属于早熟品种。田间抗旱、耐寒、耐贫瘠。籽粒大小均匀，面质口感好，是当地历史悠久的黏糕用品种。

图 6-23　黄卢山黍子（P140181023）

6.24 软糜子

采集编号：P140181037　　　　　　科：禾本科　　　属：黍属　　　　　种：黍稷
收集时间：2021 年　　　　　　　收集地点：山西省太原市古交市岔口乡岔口村
主要特征特性：侧穗型，紫色花序，粒色白，米色黄；籽粒千粒重 6.5g，糯性，生育期 95d，属于早熟品种。田间抗旱、耐寒、耐贫瘠。籽粒大小均匀，面质口感筋软，适合做黏糕。

图 6-24　软糜子（P140181037）

6.25 糜子（黍）

采集编号：P140108002　　　　　科：禾本科　　属：黍属　　　　种：黍稷
收集时间：2020 年　　　　　　　收集地点：山西省太原市尖草坪区马头水乡马头水村
主要特征特性：侧穗型，绿色花序，粒色红，米色黄；籽粒千粒重 8.5g，属大粒品种，糯性，生育期
106d，属于中熟品种。田间抗旱性较强，不抗倒伏。籽粒黏糕用软糯，口感好。

图 6-25　糜子（P140108002）

6.26 红糜子（黍）

采集编号：P140108011　　　　　科：禾本科　　属：黍属　　　　种：黍稷
收集时间：2020 年　　　　　　　收集地点：山西省太原市尖草坪区柏板乡宇文村
主要特征特性：侧穗型，绿色花序，粒色红，米色淡黄；籽粒千粒重 8.3g，属大粒品种，糯性，生育
期 107d，属于中熟品种。田间抗旱性强，抗倒伏。籽粒食用软糯，口感好。

图 6-26　红糜子（P140108011）

6.27 糜子（黍）

采集编号：P140108020　　　　　　科：禾本科　　　属：黍属　　　　　种：黍稷

收集时间：2020 年　　　　　　　　收集地点：山西省太原市尖草坪阳曲镇黄花园村

主要特征特性：侧穗型，绿色花序，粒色红，米色淡黄；籽粒千粒重 7.3g，糯性，生育期 105d，属于中熟品种。田间抗旱性强。籽粒蛋白质含量高，品质好，适合做油炸糕，口感软糯。

图 6-27　糜子（P140108020）

6.28 糜子（黍）

采集编号：P140107004　　　　　　科：禾本科　　　属：黍属　　　　　种：黍稷

收集时间：2020 年　　　　　　　　收集地点：山西省太原市杏花岭区小返乡野鸡庄村

主要特征特性：侧穗型，绿色花序，粒色红，米色黄；籽粒千粒重 8.4g，属大粒品种，糯性，生育期 105d，属于中熟品种。田间不抗倒伏，丰产性较好，适合丘陵旱地种植。

图 6-28　糜子（P140107004）

6.29 红糜子（黍）

采集编号：P140107034　　　　　　　科：禾本科　　　属：黍属　　　种：黍稷
收集时间：2022 年　　　　　　　　收集地点：山西省太原市杏花岭区中涧河乡庄子上村
主要特征特性：侧散穗型，绿色花序，粒色红，米色黄；籽粒千粒重 8.1g，属大粒品种，糯性，生育期 101d，属于中熟品种。田间不抗倒伏，丰产性较好，适合丘陵旱地种植。

图 6-29　红糜子（P140107034）

6.30 硬糜子

采集编号：P140109025　　　　　　　科：禾本科　　　属：黍属　　　种：黍稷
收集时间：2021 年　　　　　　　　收集地点：山西省太原市万柏林区王封乡上南山村
主要特征特性：侧穗型，绿色花序，粒色红，米色黄；籽粒千粒重 7.6g，粳性，生育期 99d，属于早熟品种。田间抗旱性强。籽粒蛋白质含量高，品质好，适宜蒸米饭和发糕用。

图 6-30　硬糜子（P140109025）

6.31 红糜子（黍）

采集编号：P140106032　　　　　　科：禾本科　　　属：黍属　　　　种：黍稷
收集时间：2022 年　　　　　　　收集地点：山西省太原市迎泽区郝庄镇东祁家山村
主要特征特性：侧穗型，绿色花序，粒色红，米色黄；籽粒千粒重 8.5g，属大粒品种，糯性，生育期 90d，属于早熟品种。籽粒适合磨面做糕，口感软糯，有筋道。

图 6-31　红糜子（P140106032）

6.32 黑婆糜子（黍）

采集编号：P140121024　　　　　　科：禾本科　　　属：黍属　　　　种：黍稷
收集时间：2021 年　　　　　　　收集地点：山西省太原市清徐县清源镇宁家营村
主要特征特性：侧穗型，绿色花序，粒色灰，米色黄；籽粒千粒重 8.1g，属大粒品种，糯性，生育期 110d，属于晚熟品种。田间抗旱性强。籽粒蛋白质含量高，品质好，是黏糕用优良品种。

图 6-32　黑婆糜子（P140121024）

6.33 红糜子（黍）

采集编号：P140121030　　　　　　科：禾本科　　属：黍属　　　　　种：黍稷
收集时间：2021 年　　　　　　　　收集地点：山西省太原市清徐县徐沟镇西怀远村
主要特征特性：侧穗型，绿色花序，粒色红，米色黄；籽粒千粒重 8.2g，属大粒品种，糯性，生育期
99d，属于早熟品种。田间抗旱性强，抗倒性强，是当地黏糕用品种。

图 6-33　红糜子（P140121030）

七、晋中市

7.1 红黍

采集编号：P140725037　　　　　　科：禾本科　　　属：黍属　　　　种：黍稷
收集时间：2020 年　　　　　　　　收集地点：山西省晋中市寿阳县马首镇肥村
主要特征特性：侧穗型，绿色花序，粒色红，米色黄；籽粒千粒重 8.2g，属大粒品种，糯性，生育期 108d，属中熟品种。芒种播种，秋分收获，亩产 250kg 左右，是当地主要的黏糕用品种。

图 7-1　红黍（P140725037）

7.2 糜子

采集编号：P140725045　　　　　　科：禾本科　　　属：黍属　　　　种：黍稷
收集时间：2020 年　　　　　　　　收集地点：山西省晋中市寿阳县马首乡石泉村
主要特征特性：侧散穗型，绿色花序，粒色黄，米色黄；籽粒千粒重 7.0g，粳性，生育期 105d，属中熟品种。当地芒种播种，秋分收获，亩产 100 ~ 150kg。糜米面用来做发糕，穗子可做笤帚。

图 7-2　糜子（P140725045）

7.3 黍子

采集编号：2021141326　　　　　科：禾本科　　　属：黍属　　　　种：黍稷

收集时间：2021 年　　　　　　　收集地点：山西省晋中市寿阳县西洛镇侯家沟村

主要特征特性：侧穗型，绿色花序，粒色红，米色黄；籽粒千粒重 8.3g，属大粒品种，糯性，生育期 91d，属于早熟品种。丰产性好，是当地主要的黏糕用品种。

图 7-3　黍子（2021141326）

7.4 季黍

采集编号：2021141340　　　　　科：禾本科　　　属：黍属　　　　种：黍稷

收集时间：2021 年　　　　　　　收集地点：山西省晋中市寿阳县西洛镇刘家庄村

主要特征特性：籽粒黄色；耐旱、耐贫瘠，抗病虫害，品质一般。（繁种未出苗，资料来源于采集地）

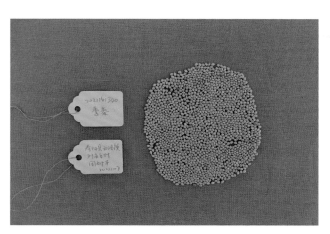

图 7-4　季黍（2021141340）

7.5 一点黄

采集编号：2021141343　　　　　　科：禾本科　　　属：黍属　　　　　种：黍稷

收集时间：2021 年　　　　　　　　收集地点：山西省晋中市寿阳县西洛镇刘家庄村

主要特征特性：侧散穗型，绿色花序，粒色为白色上有一点黄，米色黄；籽粒千粒重 7.9g，糯性，生育期 90d，属于早熟品种。丰产性好，黍米食用软糯，是当地的主要黏糕用品种。

图 7-5　一点黄（2021141343）

7.6 红软黍子

采集编号：2021141349　　　　　　科：禾本科　　　属：黍属　　　　　种：黍稷

收集时间：2021 年　　　　　　　　收集地点：山西省晋中市寿阳县羊头崖乡堡底村

主要特征特性：芒种种，白露收。优质、抗病、抗旱、耐贫瘠。黍米口感软糯，是当地黏糕用品种。（繁种未出苗，资料来源于采集地）

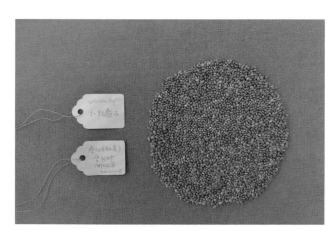

图 7-6　红软黍子（2021141349）

7.7 金黄黍

采集编号：2021141354　　　　　科：禾本科　　属：黍属　　　　种：黍稷

收集时间：2021 年　　　　　　　收集地点：山西省晋中市寿阳县羊头崖乡堡底村

主要特征特性：侧穗型，绿色花序，粒色黄，米色淡黄；籽粒千粒重 6.7g，糯性，生育期 99d，属于早熟品种。黍米主要用于蒸糯米饭、做油炸糕等。

图 7-7　金黄黍（2021141354）

7.8 红黍子

采集编号：2021141369　　　　　科：禾本科　　属：黍属　　　　种：黍稷

收集时间：2021 年　　　　　　　收集地点：山西省晋中市寿阳县松塔镇河头村

主要特征特性：侧穗型，绿色花序，粒色红，米色黄；籽粒千粒重 7.8g，糯性，生育期 96d，属于早熟品种。田间长势旺盛，丰产性好。黍米食用软糯，是当地黏糕用优良品种。

图 7-8　红黍子（2021141369）

7.9 红黍子

采集编号：2021141380　　　　　科：禾本科　　　属：黍属　　　　种：黍稷

收集时间：2021 年　　　　　收集地点：山西省晋中市寿阳县井上乡寺塘村

主要特征特性：侧穗型，绿色花序，粒色红，米色黄；籽粒千粒重 7.9g，糯性，生育期 96d，属于早熟品种。田间长势旺盛，丰产性好。黍米食用软糯，是当地黏糕用优良品种。

图 7-9　红黍子（2021141380）

7.10 红黍子

采集编号：2021141384　　　　　科：禾本科　　　属：黍属　　　　种：黍稷

收集时间：2021 年　　　　　收集地点：山西省晋中市寿阳县尹灵芝镇霍家村

主要特征特性：侧穗型，绿色花序，粒色红，米色黄；籽粒千粒重 8.8g，属大粒品种，糯性，生育期 93d，属于早熟品种。田间长势旺盛，丰产性好。黍米食用软糯，是当地黏糕用主栽品种。

图 7-10　红黍子（2021141384）

7.11 白黍子

采集编号：2021141404　　　　　科：禾本科　　属：黍属　　　种：黍稷
收集时间：2021 年　　　　　　　收集地点：晋中市寿阳县尹灵芝镇芹泉村
主要特征特性：侧穗型，绿色花序，粒色白，米色黄；籽粒千粒重 6.5g，糯性，生育期 101d，属于中熟品种。出米率高，黍米糯性好，是当地黏糕用优良品种。

图 7-11　白黍子（2021141404）

7.12 大红黍

采集编号：2021141407　　　　　科：禾本科　　属：黍属　　　种：黍稷
收集时间：2021 年　　　　　　　收集地点：山西省晋中市寿阳县宗艾镇小河沟村
主要特征特性：侧穗型，绿色花序，粒色红，米色黄；籽粒千粒重 8.1g，属大粒品种，糯性，生育期 100d，属于中熟品种。田间长势旺盛，丰产性好。黍米食用软糯，是当地黏糕用主栽品种。

图 7-12　大红黍（2021141407）

7.13 红黍子

采集编号：P140702009　　　　　科：禾本科　　　属：黍属　　　　　种：黍稷

收集时间：2020 年　　　　　　　收集地点：山西省晋中市榆次区什贴镇陶上村

主要特征特性：侧穗型，绿色花序，粒色红，米色黄；籽粒千粒重 7.6g，糯性，生育期 118d，属晚熟品种。抗病性强，丰产性好。黍米软糯，在当地主要用于做炸油糕待客。

图 7-13　红黍子（P140702009）

7.14 红黍子

采集编号：P140702018　　　　　科：禾本科　　　属：黍属　　　　　种：黍稷

收集时间：2022 年　　　　　　　收集地点：山西省晋中市榆次区什贴镇辛家庄村

主要特征特性：侧穗型，绿色花序，粒色红，米色黄；籽粒千粒重 7.5g，糯性，生育期 95d，属早熟品种。田间抗旱性强，不抗倒伏，对土壤要求不高。黍米做成油炸糕软糯，口感佳。

图 7-14　红黍子（P140702018）

7.15 大红黍

采集编号：P140702029　　　　　科：禾本科　　　属：黍属　　　　种：黍稷
收集时间：2020 年　　　　　　　收集地点：山西省晋中市榆次区东赵镇榆三庄村
主要特征特性：侧穗型，绿色花序，粒色红，米色黄；籽粒千粒重 8.2g，属大粒品种，糯性，生育期 118d，属晚熟品种。抗病性强，一般种植于雨养旱地，亩产 150 ～ 200kg。籽粒糯性好，是当地黏糕用主栽品种。

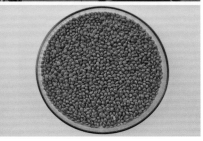

图 7-15　大红黍（P140702029）

7.16 黍子（稷）

采集编号：P140702030　　　　　科：禾本科　　　属：黍属　　　　种：黍稷
收集时间：2020 年　　　　　　　收集地点：山西省晋中市榆次区东赵镇榆三庄村
主要特征特性：侧散穗型，绿色花序，粒色黄，米色黄；籽粒千粒重 6.9g，粳性，生育期 113d，属晚熟品种。田间抗旱性强，抗病虫害。籽粒食用口感较差，穗头用于做笤帚。

图 7-16　黍子（P140702030）

7.17 红糜子（黍）

采集编号：P140702061　　　　　科：禾本科　　属：黍属　　　　　种：黍穄

收集时间：2020 年　　　　　　　收集地点：山西省晋中市榆次区长凝镇东长凝村

主要特征特性：侧穗型，绿色花序，粒色红，米色黄；籽粒千粒重 7.9g，糯性，生育期 115d，属晚熟品种。田间抗旱性强。面软、糯，食用口感好，是当地油炸糕用主栽品种。

图 7-17　红糜子（P140702061）

7.18 黏黍

采集编号：P140724003　　　　　科：禾本科　　属：黍属　　　　　种：黍穄

收集时间：2020 年　　　　　　　收集地点：山西省晋中市昔阳县西寨乡天池沟村

主要特征特性：侧穗型，绿色花序，粒色红，米色黄；籽粒千粒重 8.2g，属大粒品种，糯性，生育期 119d，属晚熟品种。田间抗旱性强，不耐水肥，亩产 300 ～ 350kg。黍米主要用来做糯米饭，黍面用来做黏糕。

图 7-18　黏黍（P140724003）

7.19 黑黍

采集编号：P140724014　　　　　　科：禾本科　　属：黍属　　　　种：黍稷
收集时间：2020 年　　　　　　　收集地点：山西省晋中市昔阳县西寨乡西寨村
主要特征特性：侧穗型，绿色花序，粒色褐，米色黄；籽粒千粒重 6.8g，糯性，生育期 109d，属中熟品种。亩产 150kg 左右，黍米口感好，主要用来做黏糕。

图 7-19　黑黍（P140724014）

7.20 大红黍

采集编号：P140724016　　　　　　科：禾本科　　属：黍属　　　　种：黍稷
收集时间：2020 年　　　　　　　收集地点：山西省晋中市昔阳县西寨乡西寨村
主要特征特性：侧穗型，绿色花序，粒色红，米色黄；籽粒千粒重 7.8g，糯性，生育期 117d，属晚熟品种。亩产 150kg 左右，籽粒品质好，是当地黏糕用主要品种。

图 7-20　大红黍（P140724016）

7.21 狸黍

采集编号：P140724024　　　　　　　科：禾本科　　　属：黍属　　　　种：黍稷
收集时间：2020 年　　　　　　　　收集地点：山西省晋中市昔阳县皋落镇南岩村
主要特征特性：侧穗型，绿色花序，粒色条灰，米色黄；籽粒千粒重 7.9g，糯性，生育期 113d，属晚
熟品种。田间产量较低，一般亩产 120kg 左右。黍米黏性大，当地用来做糕或熬米粥。

图 7-21　狸黍（P140724024）

7.22 红软黍

采集编号：P140723009　　　　　　　科：禾本科　　　属：黍属　　　　种：黍稷
收集时间：2020 年　　　　　　　　收集地点：山西省晋中市和顺县马坊乡黑羊背村
主要特征特性：侧穗型，绿色花序，粒色红，米色黄；籽粒千粒重 8.2g，属大粒品种，糯性，生育期
114d，属晚熟品种。田间抗病、抗旱，丰产性好。黍米做米糕口感软糯。

图 7-22　红软黍（P140723009）

7.23 黑软黍

采集编号：P140723039　　　　科：禾本科　　属：黍属　　　　种：黍稷

收集时间：2020 年　　　　　　收集地点：山西省晋中市和顺县李阳镇温源村

主要特征特性：侧穗型，绿色花序，粒色褐，米色黄；籽粒千粒重 7.4g，糯性，生育期 112d，属晚熟品种。田间不抗黑穗病，不抗倒，亩产 150 ~ 200kg。黍米口感软，但香味不浓。

图 7-23　黑软黍（P140723039）

7.24 红黍子

采集编号：2021142310　　　　科：禾本科　　属：黍属　　　　种：黍稷

收集时间：2021 年　　　　　　收集地点：山西省晋中市和顺县马坊乡军城村

主要特征特性：侧穗型，绿色花序，粒色红，米色黄；籽粒千粒重 7.4g，糯性，生育期 94d，属于早熟品种。亩产 150kg 左右，籽粒品质好，是当地主要的黏糕用品种。

图 7-24　红黍子（2021142310）

7.25 大红黍

采集编号：2021142335　　　　　　　科：禾本科　　　属：黍属　　　种：黍稷

收集时间：2021 年　　　　　　　　收集地点：山西省晋中市和顺县松烟镇七里滩村

主要特征特性：侧穗型，绿色花序，粒色红，米色黄；籽粒千粒重 7.1g，糯性，生育期 94d，属于早熟品种。亩产 125kg 左右，籽粒品质好，是当地主要的黏糕用品种。

图 7-25　大红黍（2021142335）

7.26 红软黍

采集编号：2021142343　　　　　　　科：禾本科　　　属：黍属　　　种：黍稷

收集时间：2021 年　　　　　　　　收集地点：山西省晋中市和顺县松烟镇阔地村

主要特征特性：侧穗型，绿色花序，粒色红，米色黄；籽粒千粒重 7.1g，糯性，生育期 84d，属于特早熟品种。可作为救灾补种品种利用，是当地群众喜食的油炸糕用品种。

图 7-26　红软黍（2021142343）

7.27 黏红黍

采集编号：2021142356　　　　　　科：禾本科　　属：黍属　　　　种：黍稷
收集时间：2021 年　　　　　　　　收集地点：山西省晋中市和顺县李阳镇回黄村
主要特征特性：侧穗型，绿色花序，粒色红，米色黄；籽粒千粒重 7.8g，糯性，生育期 87d，属于特早熟品种。可作为救灾补种品种利用，是当地群众喜食的黏糕用品种。

图 7-27　黏红黍（2021142356）

7.28 黑黍子

采集编号：2021142361　　　　　　科：禾本科　　属：黍属　　　　种：黍稷
收集时间：2021 年　　　　　　　　收集地点：山西省晋中市和顺县李阳镇榆圪塔村
主要特征特性：侧穗型，绿色花序，粒色褐，米色黄；籽粒千粒重 7.5g，糯性，生育期 86d，属于特早熟品种。丰产性好，籽粒品质优，食用筋软，是当地优良的油炸糕用品种。

图 7-28　黑黍子（2021142361）

7.29　白黍子

采集编号：2021142378　　　　　科：禾本科　　　属：黍属　　　　　种：黍稷

收集时间：2021 年　　　　　收集地点：山西省晋中市和顺县马坊乡寺头村

主要特征特性：芒种播种，白露收获。抗旱、耐瘠，生育期短，可用于救灾补种。黍米口感软。（繁种未出苗，资料来源于采集地）

图 7-29　白黍子（2021142378）

7.30　红黍子

采集编号：2021142389　　　　　科：禾本科　　　属：黍属　　　　　种：黍稷

收集时间：2021 年　　　　　收集地点：山西省晋中市和顺县马坊乡上瑶岩村

主要特征特性：侧穗型，绿色花序，粒色红，米色黄；籽粒千粒重 8.0g，属大粒品种，糯性，生育期101d，属于中熟品种。丰产性好，籽粒品质佳，是当地黏糕用主栽品种。

图 7-30　红黍子（2021142389）

7.31 黑黍子

采集编号：2021142390　　　　　　科：禾本科　　属：黍属　　　　种：黍稷

收集时间：2021 年　　　　　　　收集地点：山西省晋中市和顺县马坊乡上瑶岩村

主要特征特性：侧穗型，绿色花序，粒色褐，米色黄；籽粒千粒重 7.4g，糯性，生育期 89d，属于特早熟品种。丰产性好，黍米食用软糯，当地做黏糕和糯米饭食用。

图 7-31　黑黍子（2021142390）

7.32 黑软黍

采集编号：2021142398　　　　　　科：禾本科　　属：黍属　　　　种：黍稷

收集时间：2021 年　　　　　　　收集地点：山西省晋中市和顺县喂马乡南安驿村

主要特征特性：侧穗型，绿色花序，粒色褐，米色黄；籽粒千粒重 7.3g，糯性，生育期 84d，属于特早熟品种。可作为救灾补种品种利用，丰产性好，黍米主要做黏糕和糯米饭食用。

图 7-32　黑软黍（2021142398）

7.33 糜子（黍）

采集编号：P140726006　　　　　科：禾本科　　　属：黍属　　　　　种：黍稷
收集时间：2020 年　　　　　　　收集地点：山西省晋中市太谷区阳邑乡杨庄村
主要特征特性：侧密穗型，紫色花序，粒色红，米色黄；籽粒千粒重 8.5g，属大粒品种，糯性，生育期 120d，属极晚熟品种。田间抗旱性强，耐贫瘠，丰产性好。籽粒品质好，是当地黏糕用主栽品种。

图 7-33　糜子（P140726006）

7.34 黑糜子（黍）

采集编号：P140726011　　　　　科：禾本科　　　属：黍属　　　　　种：黍稷
收集时间：2020 年　　　　　　　收集地点：山西省晋中市太谷区小白乡上土河村
主要特征特性：侧密穗型，绿色花序，粒色褐，米色黄；籽粒千粒重 8.3g，属大粒品种，糯性，生育期 120d，属极晚熟品种。籽粒品质好，做黏糕口感筋糯，是当地黏糕用主栽品种。

图 7-34　黑糜子（P140726011）

7.35 糜子（黍）

采集编号：P140726034　　　　科：禾本科　　属：黍属　　　　种：黍稷
收集时间：2020 年　　　　　　收集地点：山西省晋中市太谷区范村镇南畔村
主要特征特性：侧穗型，绿色花序，粒色红，米色黄；籽粒千粒重 8.0g，属大粒品种，糯性，生育期
121d，属极晚熟品种。田间病虫害少。黍面软、糯，口感好。

图 7-35　糜子（P140726034）

7.36 糜子（黍）

采集编号：P140726041　　　　科：禾本科　　属：黍属　　　　种：黍稷
收集时间：2020 年　　　　　　收集地点：山西省晋中市太谷区侯城乡新五科村
主要特征特性：侧穗型，绿色花序，粒色红，米色黄；籽粒千粒重 7.9g，糯性，生育期 108d，属中熟
品种。田间抗病、耐盐碱、抗旱、耐贫瘠，产量较高。黍面做糕色泽金黄，口感软糯。

图 7-36　糜子（P140726041）

7.37 糜子（黍）

采集编号：P140727016　　　　科：禾本科　　　属：黍属　　　种：黍稷

收集时间：2020 年　　　　　　收集地点：山西省晋中市祁县峪口乡侯家庄村

主要特征特性：侧密穗型，绿色花序，粒色红，米色黄；籽粒千粒重 8.1g，属大粒品种，糯性，生育期 108d，属中熟品种。田间耐盐碱性强，丰产性好，适宜平川种植。糯米可制作油炸糕、凉糕。

图 7-37　糜子（P140727016）

7.38 糜子（黍）

采集编号：P140727021　　　　科：禾本科　　　属：黍属　　　种：黍稷

收集时间：2020 年　　　　　　收集地点：山西省晋中市祁县来远镇鱼儿理村

主要特征特性：侧穗型，紫色花序，粒色黄，米色黄；籽粒千粒重 8.0g，属大粒品种，糯性，生育期 118d，属晚熟品种。全生育期对土壤要求不高，适宜平川种植。糯米可做油炸糕、凉糕，口感好。

图 7-38　糜子（P140727021）

7.39 黑狗屎

采集编号：P140727029　　　　　科：禾本科　　　属：黍属　　　　种：黍稷
收集时间：2020 年　　　　　　　收集地点：山西省晋中市祁县来远镇北关村
主要特征特性：侧穗型，绿色花序，粒色褐，米色黄；籽粒千粒重 7.8g，糯性，生育期 115d，属晚熟品种。全生育期对土壤要求不高，耐盐碱，适宜平川种植。糯米可做油炸糕、凉糕，是当地油糕用主栽品种。

图 7-39　黑狗屎（P140727029）

7.40 软红糜子

采集编号：P140721013　　　　　科：禾本科　　　属：黍属　　　　种：黍稷
收集时间：2020 年　　　　　　　收集地点：山西省晋中市榆社县河峪乡叶峪村
主要特征特性：侧穗型，绿色花序，粒色红，米色黄；籽粒千粒重 7.3g，糯性，生育期 119d，属晚熟品种。田间抗病、抗旱。面软、糯，食用口感好，是当地油炸糕用主栽品种。

图 7-40　软红糜子（P140721013）

7.41 黑糜子（黍）

采集编号：P140721040　　　　科：禾本科　　属：黍属　　　　种：黍稷
收集时间：2020 年　　　　　　收集地点：山西省晋中市榆社县郝北镇南沟村
主要特征特性：侧穗型，绿色花序，粒色褐，米色黄；籽粒千粒重 8.0g，属大粒品种，糯性，生育期114d，属晚熟品种。田间抗旱性强，丰产性好，产量一般亩产 250 ～ 300kg。籽粒软糯，口感好，是当地油炸糕用主栽品种。

图 7-41　黑糜子（P140721040）

7.42 软白糜子（黍）

采集编号：P140721054　　　　科：禾本科　　属：黍属　　　　种：黍稷
收集时间：2020 年　　　　　　收集地点：山西省晋中市榆社县箕城镇中余沟村
主要特征特性：侧穗型，绿色花序，粒色白，米色黄；籽粒千粒重 6.5g，糯性，生育期 121d，属极晚熟品种。一般亩产 200 ～ 250kg。黍米用来做糕、包粽子，口感软糯、味道香。

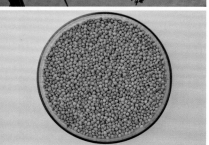

图 7-42　软白糜子（P140721054）

7.43 大白糜子（黍）

采集编号：P140721055　　　科：禾本科　　　属：黍属　　　种：黍稷

收集时间：2020 年　　　收集地点：山西省晋中市榆社县箕城镇莲花池村

主要特征特性：侧穗型，紫色花序，粒色白，米色黄；籽粒千粒重 7.6g，糯性，生育期 121d，属极晚熟品种。田间不抗旱，不抗倒伏，一般亩产 200kg 左右。黍米可以用来包粽子、做糕。

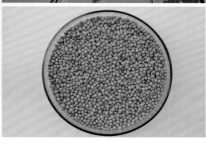

图 7-43　大白糜子（P140721055）

7.44 糜子（黍）

采集编号：2021145003　　　科：禾本科　　　属：黍属　　　种：黍稷

收集时间：2021 年　　　收集地点：山西省晋中市榆社县社城镇阳乐村

主要特征特性：侧穗型，绿色花序，粒色红，米色黄；籽粒千粒重 6.8g，糯性，生育期 88d，属于特早熟品种。丰产性好，籽粒食用软糯，是当地主要的黏糕用品种。

图 7-44　糜子（2021145003）

7.45 白糜子（黍）

采集编号：2021145021　　　　　　科：禾本科　　　属：黍属　　　　种：黍稷
收集时间：2021 年　　　　　　收集地点：山西省晋中市榆社县河峪乡北水村
主要特征特性：侧穗型，绿色花序，粒色白，米色白；籽粒千粒重 6.8g，糯性，生育期 94d，属于早熟品种。是稀有的白米粒品种，籽粒食用软糯，也是当地主要的黏糕用品种。

图 7-45　白糜子（2021145021）

7.46 红糜子（黍）

采集编号：2021145027　　　　　　科：禾本科　　　属：黍属　　　　种：黍稷
收集时间：2021 年　　　　　　收集地点：山西省晋中市榆社县河峪乡北水村
主要特征特性：侧穗型，紫色花序，粒色红，米色黄；籽粒千粒重 7.9g，糯性，生育期 99d，属于早熟品种。丰产性好，籽粒品质优，是当地主要的黏糕用品种。

图 7-46　红糜子（2021145027）

7.47 糜子（黍）

采集编号：2021145041　　　　　　　科：禾本科　　　属：黍属　　　　种：黍稷

收集时间：2021 年　　　　　　　　收集地点：山西省晋中市榆社县河峪乡北水村

主要特征特性：侧穗型，绿色花序，粒色淡黄，米色淡黄；籽粒千粒重 7.3g，糯性，生育期 115d，属于晚熟品种。籽粒食用软糯，是当地主要的黏糕用品种。

图 7-47　糜子（2021145041）

7.48 红糜子（黍）

采集编号：2021145058　　　　　　　科：禾本科　　　属：黍属　　　　种：黍稷

收集时间：2021 年　　　　　　　　收集地点：山西省晋中市榆社县河峪乡平顶村

主要特征特性：侧穗型，绿色花序，粒色红，米色黄；籽粒千粒重 7.7g，糯性，生育期 94d，属于早熟品种。籽粒食用软糯，是当地主要的黏糕用品种。

图 7-48　红糜子（2021145058）

7.49 糜子（黍）

采集编号：2021145091　　　　　　科：禾本科　　　属：黍属　　　　　　种：黍稷

收集时间：2021 年　　　　　　　　收集地点：山西省晋中市榆社县郝北镇郝北村

主要特征特性：侧穗型，紫色花序，粒色红，米色黄；籽粒千粒重 8.6g，属大粒品种，糯性，生育期 106d，属于中熟品种。丰产性好，籽粒食用软糯，是当地黏糕用主栽品种。

图 7-49　糜子（2021145091）

7.50 白糜子

采集编号：2021145094　　　　　　科：禾本科　　　属：黍属　　　　　　种：黍稷

收集时间：2021 年　　　　　　　　收集地点：山西省晋中市榆社县郝北镇郝北村

主要特征特性：芒种播种，秋分收获。抗旱、耐瘠，籽粒口感好。（繁种未出苗，资料来源于采集地）

图 7-50　白糜子（2021145094）

7.51 糜子（黍）

采集编号：2021145095　　　　科：禾本科　　属：黍属　　　　种：黍稷
收集时间：2021 年　　　　　　收集地点：山西省晋中市榆社县郝北镇大里道庄村
主要特征特性：侧穗型，紫色花序，粒色红，米色黄；籽粒千粒重 8.6g，属大粒品种，糯性，生育期 106d，属于中熟品种。丰产性好，籽粒食用软糯，是当地主要的黏糕用品种。

图 7-51　糜子（2021145095）

7.52 小红黍

采集编号：P140722034　　　　科：禾本科　　属：黍属　　　　种：黍稷
收集时间：2020 年　　　　　　收集地点：山西省晋中市左权县拐儿镇骆驼村
主要特征特性：侧穗型，绿色花序，粒色红，米色黄；籽粒千粒重 7.1g，糯性，生育期 119d，属晚熟品种。田间抗倒、抗病、抗旱，丰产性好。黍米糯性好，是当地做糕和包粽子的主要原料。

图 7-52　小红黍（P140722034）

7.53 糜子（黍）

采集编号：P140728014　　　　　　科：禾本科　　　属：黍属　　　　　种：黍稷
收集时间：2020 年　　　　　　　　收集地点：山西省晋中市平遥县东泉镇南岭底村
主要特征特性：侧穗型，绿色花序，粒色红，米色黄；籽粒千粒重 7.3g，糯性，生育期 123d，属极晚熟品种。亩产 250 ～ 300kg，是当地油炸糕用主栽品种。穗子长，可做笤帚。

图 7–53　糜子（P140728014）

7.54 白糜子（黍）

采集编号：P140728030　　　　　　科：禾本科　　　属：黍属　　　　　种：黍稷
收集时间：2020 年　　　　　　　　收集地点：山西省晋中市平遥县东泉镇北岭底村
主要特征特性：侧穗型，绿色花序，粒色白，米色黄；籽粒千粒重 7.4g，糯性，生育期 120d，属极晚熟品种。田间抗旱性强、抗病虫害，亩产 100kg 左右。出米率高，黍米口感好，是当地油炸糕用主要品种。

图 7–54　白糜子（P140728030）

7.55 黑糜子（黍）

采集编号：P140728031　　　　　　科：禾本科　　属：黍属　　　　　种：黍稷
收集时间：2020 年　　　　　　　　收集地点：山西省晋中市平遥县东泉镇北岭底村
主要特征特性：侧穗型，绿色花序，粒色褐，米色黄；籽粒千粒重 6.2g，糯性，生育期 116d，属晚熟品种。耐旱、耐贫瘠，亩产 100kg 左右。黍米用来做油炸糕、包粽子，口感佳。

图 7-55　黑糜子（P140728031）

7.56 黑糜黍

采集编号：P140781002　　　　　　科：禾本科　　属：黍属　　　　　种：黍稷
收集时间：2021 年　　　　　　　　收集地点：山西省晋中市介休市绵山镇长寿村
主要特征特性：侧穗型，绿色花序，粒色褐，米色黄；籽粒千粒重 7.6g，糯性，生育期 120d，属极晚熟品种。抗病、抗虫、抗旱、耐贫瘠，丰产性好，亩产 150～200kg。黍米品质优，是当地黏糕用主栽品种。

图 7-56　黑糜黍（P140781002）

7.57 红糜黍

采集编号：P140781003　　　　　　科：禾本科　　　属：黍属　　　　　种：黍稷
收集时间：2021 年　　　　　　　收集地点：山西省晋中市介休市绵山镇长寿村
主要特征特性：侧密穗型，绿色花序，粒色红，米色黄；籽粒千粒重 8.1g，属大粒品种，糯性，生育期 120d，属极晚熟品种。田间抗病虫害、抗旱、耐贫瘠，不抗倒伏，主要在坡梁旱地种植，亩产 150 ～ 200kg。黍米糯性好，是当地主要的黏糕用品种。

图 7-57　红糜黍（P140781003）

7.58 白糜子（黍）

采集编号：P140781071　　　　　　科：禾本科　　　属：黍属　　　　　种：黍稷
收集时间：2020 年　　　　　　　收集地点：山西省晋中市介休市连福镇东圪塔村
主要特征特性：籽粒糯性，比当地红糜、黑糜软糯，亩产 100 ～ 150kg。（繁种未出苗，资料来源于采集地）

图 7-58　白糜子（P140781071）

7.59 白糜子（黍）

采集编号：P140729006　　　　　　科：禾本科　　属：黍属　　　　　种：黍稷
收集时间：2020 年　　　　　　　收集地点：山西省晋中市灵石县南关镇北岭底村
主要特征特性：侧穗型，绿色花序，粒色白，米色黄；籽粒千粒重 7.3g，糯性，生育期 124d，属极晚熟品种。抗旱性强，抗倒伏。籽粒糯性好，是黏糕用优良品种。

图 7-59　白糜子（P140729006）

7.60 黑糜子（黍）

采集编号：P140729050　　　　　　科：禾本科　　属：黍属　　　　　种：黍稷
收集时间：2020 年　　　　　　　收集地点：山西省晋中市灵石县英武乡彭家原村
主要特征特性：侧穗型，穗颈长，穗头弯度大，绿色花序，粒色褐，米色黄；籽粒千粒重 7.9g，糯性，生育期 120d，属极晚熟品种。亩产 100kg 左右。籽粒品质优，做糕口感好。

图 7-60　黑糜子（P140729050）

八、长治市

8.1 白糜子（黍）

采集编号：P140429009　　　　　　　科：禾本科　　属：黍属　　　　　　种：黍稷
收集时间：2020 年　　　　　　　　　收集地点：山西省长治市武乡县大有乡岭上村
主要特征特性：侧穗型，绿色花序，粒色白，米色黄；籽粒千粒重 6.4g，糯性，生育期 117d，属晚熟品种。抗病虫，产量较高，一般亩产 250kg 左右。秆高不抗倒，适合旱地种植。籽粒食用以黏糕为主。

图 8-1　白糜子（P140429009）

8.2 黑糜子（黍）

采集编号：P140429018　　　　　　　科：禾本科　　属：黍属　　　　　　种：黍稷
收集时间：2020 年　　　　　　　　　收集地点：山西省长治市武乡县故城镇范家凹村
主要特征特性：侧穗型，绿色花序，粒色褐，米色黄；籽粒千粒重 7.4g，糯性，生育期 115d，属晚熟品种。抗旱性好，一般在旱坡地上种植。秆叶可为牲畜饲料，籽粒品质优，是当地黏糕用主栽品种。

图 8-2　黑糜子（P140429018）

8.3 黎糜子

采集编号：P140429019　　　　　科：禾本科　　　属：黍属　　　　种：黍稷

收集时间：2020 年　　　　　　收集地点：山西省长治市武乡县故城镇东良村

主要特征特性：侧穗型，绿色花序，粒色条灰，米色白；籽粒千粒重 7.2g，粳性，生育期 121d，属极晚熟品种。当地一般在旱坡地上种植，种植密度不宜太大，否则秆高易倒伏。产量较高，是稀有的白米粒品种，籽粒主要用于做米饭和发糕。

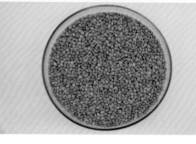

图 8-3　黎糜子（P140429019）

8.4 红糜子（黍）

采集编号：P140429025　　　　　科：禾本科　　　属：黍属　　　　种：黍稷

收集时间：2020 年　　　　　　收集地点：山西省长治市武乡县故城镇陈村

主要特征特性：侧穗型，绿色花序，粒色红，米色黄；籽粒千粒重 6.9g，糯性，生育期 113d，属晚熟品种。抗病虫，耐旱，不抗倒伏，在红土地、旱地种植表现较好，是当地群众的主要调剂杂粮。

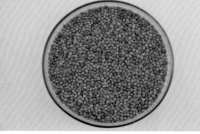

图 8-4　红糜子（P140429025）

8.5 黑糜子（黍）

采集编号：P140431011　　　　科：禾本科　　属：黍属　　　　种：黍稷
收集时间：2020 年　　　　　　收集地点：山西省长治市沁源县交口乡白狐窑村
主要特征特性：侧密穗型，绿色花序，粒色褐，米色黄；籽粒千粒重 7.9g，糯性，生育期 120d，属极晚熟品种。适应性广，抗旱，抗黑穗病。籽粒品质软糯，是当地主要的黏糕用品种。

图 8-5　黑糜子（P140431011）

8.6 竹糜（黍）

采集编号：P140431015　　　　科：禾本科　　属：黍属　　　　种：黍稷
收集时间：2020 年　　　　　　收集地点：山西省长治市沁源县交口乡白狐窑村
主要特征特性：侧穗型，绿色花序，粒色黄，米色淡黄；籽粒千粒重 7.2g，糯性，生育期 117d，属晚熟品种。耐旱、抗病、不抗倒伏。亩产一般 150kg 左右，籽粒以做黏糕食用为主。

图 8-6　竹糜（P140431015）

8.7 糜黍

采集编号：2021141117　　　　　　科：禾本科　　　属：黍属　　　　　种：黍稷

收集时间：2021 年　　　　　　　　收集地点：山西省长治市沁源县沁河镇马森村

主要特征特性：侧穗型，紫色花序，粒色褐，米色黄；籽粒千粒重 7.3g，糯性，生育期 98d，属于早熟品种。田间长势旺盛，丰产性好。黍米食用软糯，是当地黏糕用主栽品种。

图 8-7　糜黍（2021141117）

8.8 大软糜

采集编号：2021141132　　　　　　科：禾本科　　　属：黍属　　　　　种：黍稷

收集时间：2021 年　　　　　　　　收集地点：山西省长治市沁源县赤石桥乡涧崖底村

主要特征特性：侧散穗型，紫色花序，粒色黄，米色黄；籽粒千粒重 7.2g，糯性，生育期 89d，属于特早熟品种。丰产性好，籽粒食用软糯，是当地主要的黏糕用品种。

图 8-8　大软糜（2021141132）

8.9 白糜子（黍）

采集编号：2021141170　　　　　　　科：禾本科　　　属：黍属　　　　　种：黍稷
收集时间：2021 年　　　　　　　　　收集地点：山西省长治市沁源县王和镇王凤村
主要特征特性：侧穗型，紫色花序，粒色白，米色黄；籽粒千粒重 7.4g，糯性，生育期 100d，属于中熟品种。出米率高，籽粒食用软糯，是当地黏糕用主要品种。

图 8-9　白糜子（2021141170）

8.10 红糜子（黍）

采集编号：2021141173　　　　　　　科：禾本科　　　属：黍属　　　　　种：黍稷
收集时间：2021 年　　　　　　　　　收集地点：山西省长治市沁源县王和镇王凤村
主要特征特性：侧穗型，绿色花序，粒色红，米色黄；籽粒千粒重 8.2g，属大粒品种，糯性，生育期 92d，属于早熟品种。籽粒品质好，是当地黏糕用主要品种。

图 8-10　红糜子（2021141173）

8.11 糜黍

采集编号：2021141187　　　　　　科：禾本科　　　属：黍属　　　　　种：黍稷
收集时间：2021 年　　　　　　　　收集地点：山西省长治市沁源县中峪乡乌木村
主要特征特性：侧穗型，绿色花序，粒色褐，米色黄；籽粒千粒重 7.2g，糯性，生育期 96d，属于早熟品种。丰产性好，黍米食用软糯，是当地黏糕用主要品种。

图 8-11　糜黍（2021141187）

8.12 糜黍

采集编号：2021141196　　　　　　科：禾本科　　　属：黍属　　　　　种：黍稷
收集时间：2021 年　　　　　　　　收集地点：山西省长治市沁源县中峪乡乌木村
主要特征特性：侧穗型，绿色花序，粒色红，米色黄；籽粒千粒重 7.4g，糯性，生育期 90d，属于早熟品种。田间长势旺盛，丰产性好。米粒品质软糯，是当地黏糕用品种之一。

图 8-12　糜黍（2021141196）

8.13 糜黍

采集编号：2021141199　　　　　科：禾本科　　　属：黍属　　　　　种：黍稷

收集时间：2021 年　　　　　　　收集地点：山西省长治市沁源县中峪乡上庄村

主要特征特性：籽粒白色；抗旱，耐贫瘠。黍米口感软糯，是当地黏糕用品种。（繁种未出苗，资料来源于采集地）

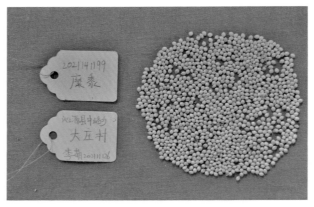

图 8-13　糜黍（2021141199）

8.14 糜黍

采集编号：2021141207　　　　　科：禾本科　　　属：黍属　　　　　种：黍稷

收集时间：2021 年　　　　　　　收集地点：山西省长治市沁源县中峪乡南石村

主要特征特性：侧穗型，绿色花序，粒色淡黄，米色黄；籽粒千粒重 6.6g，糯性，生育期 93d，属于早熟品种。出米率高，黍米食用软糯，是当地黏糕用优良品种。

图 8-14　糜黍（2021141207）

8.15 白黍

采集编号：P140430001　　　　　科：禾本科　　　属：黍属　　　　　种：黍稷
收集时间：2020 年　　　　　　收集地点：山西省长治市沁县南泉乡榜口村
主要特征特性：侧穗型，绿色花序，粒色白，米色黄；籽粒千粒重 7.2g，糯性，生育期 115d，属晚熟品种。抗病，易倒伏，适宜在中等水肥地种植，是当地平川地的主栽品种。

图 8-15　白黍（P140430001）

8.16 黑黍

采集编号：P140430005　　　　　科：禾本科　　　属：黍属　　　　　种：黍稷
收集时间：2020 年　　　　　　收集地点：山西省长治市沁县新店镇小王村
主要特征特性：侧穗型，绿色花序，粒色褐，米色黄；籽粒千粒重 7.1g，糯性，生育期 120d，属极晚熟品种。耐热、抗旱，病虫害少，抗倒伏，丰产性好，是平川中水肥地的高产优质品种。

图 8-16　黑黍（P140430005）

8.17 红糜子（黍）

采集编号：P140430014　　　　　　科：禾本科　　　属：黍属　　　　种：黍稷

收集时间：2020 年　　　　　　　　收集地点：山西省长治市沁县册村镇南尧上村

主要特征特性：侧密穗型，绿色花序，粒色红，米色黄；籽粒千粒重 8.2g，属大粒品种，糯性，生育期 109d，属中熟品种。抗病、抗虫、耐涝，不抗倒，播种不能太密。丰产性好，是当地群众的黏糕用主栽品种。

图 8-17　红糜子（P140430014）

8.18 软黍米

采集编号：P140426023　　　　　　科：禾本科　　　属：黍属　　　　种：黍稷

收集时间：2020 年　　　　　　　　收集地点：山西省长治市黎城县上遥镇前庄村

主要特征特性：侧穗型，紫色花序，粒色红，米色黄；籽粒千粒重 8.4g，属大粒品种，糯性，生育期 120d，属极晚熟品种。亩产 200kg 左右，籽粒筋糯，是当地黏糕用优良品种。

图 8-18　软黍米（P140426023）

8.19 白黍

采集编号：P140423018　　　　科：禾本科　　属：黍属　　　　种：黍稷
收集时间：2020 年　　　　　　收集地点：山西省长治市襄垣县西营镇南岩村
主要特征特性：侧穗型，紫色花序，粒色白，米色黄；籽粒千粒重 7.5g，糯性，生育期 120d，属于极晚熟品种。抗旱性好，当地一般亩产 150 ～ 200kg。黍米品质优，是黏糕用主要品种。

图 8-19　白黍（P140423018）

8.20 黑黍

采集编号：P140423019　　　　科：禾本科　　属：黍属　　　　种：黍稷
收集时间：2020 年　　　　　　收集地点：山西省长治市襄垣县西营镇南岩村
主要特征特性：侧穗型，绿色花序，粒色褐，米色黄；籽粒千粒重 7.3g，糯性，生育期 116d，属于晚熟品种。抗旱性好，当地平均亩产 130 ～ 180kg。籽粒品质优，是黏糕用主要品种。

图 8-20　黑黍（P140423019）

8.21 灰黍子

采集编号：2021142111　　　　　　科：禾本科　　　属：黍属　　　　种：黍稷

收集时间：2021 年　　　　　　　　收集地点：山西省长治市襄垣县善福镇西宁静村

主要特征特性：侧穗型，紫色花序，粒色为白色上有一点灰，米色淡黄；籽粒千粒重 7.2g，糯性，生育期 104d，属于中熟品种。出米率高，黍米糯性好，是当地黏糕用主要品种。

图 8-21　灰黍子（2021142111）

8.22 红黍子

采集编号：2021142120　　　　　　科：禾本科　　　属：黍属　　　　种：黍稷

收集时间：2021 年　　　　　　　　收集地点：山西省长治市襄垣县西营镇南岩村

主要特征特性：侧穗型，紫色花序，粒色红，米色黄；籽粒千粒重 7.4g，糯性，生育期 102d，属于中熟品种。丰产性好，黍米食用软糯，是当地黏糕用优良品种。

图 8-22　红黍子（2021142120）

8.23 白黍子

采集编号：2021142133　　　　　科：禾本科　　属：黍属　　　　种：黍稷

收集时间：2021 年　　　　　　收集地点：山西省长治市襄垣县西营镇暴垴村

主要特征特性：侧穗型，紫色花序，粒色白，米色黄；籽粒千粒重 7.4g，糯性，生育期 107d，属于中熟品种。出米率高，黍米食用软糯，是当地黏糕用主要品种。

图 8-23　白黍子（2021142133）

8.24 黑黍子

采集编号：2021142140　　　　　科：禾本科　　属：黍属　　　　种：黍稷

收集时间：2021 年　　　　　　收集地点：山西省长治市襄垣县下良镇西邯郸村

主要特征特性：侧穗型，绿色花序，粒色褐，米色黄；籽粒千粒重 7.8g，糯性，生育期 98d，属于早熟品种。丰产性好，黍米做黏糕筋软，适口性好。

图 8-24　黑黍子（2021142140）

8.25 红黍子

采集编号：2021142147　　　　　　科：禾本科　　　属：黍属　　　种：黍稷

收集时间：2021 年　　　　　　　　收集地点：山西省长治市襄垣县下良镇西邯郸村

主要特征特性：籽粒红色；谷雨种，秋分收。抗病、耐瘠，黍米口感好。（繁种未出苗，资料来源于采集地）

图 8-25　红黍子（2021142147）

8.26 白黍子

采集编号：2021142153　　　　　　科：禾本科　　　属：黍属　　　种：黍稷

收集时间：2021 年　　　　　　　　收集地点：山西省长治市襄垣县下良镇和家坡村

主要特征特性：侧穗型，绿色花序，粒色白，米色黄；籽粒千粒重 6.5g，糯性，生育期 98d，属于早熟品种。丰产性好，出米率高，黍米糯性好，是当地黏糕用优良品种。

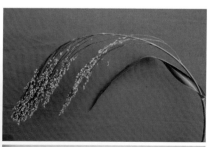

图 8-26　白黍子（2021142153）

8.27 金黄黍

采集编号：2021142175　　　　　科：禾本科　　　属：黍属　　　　　种：黍稷
收集时间：2021 年　　　　　　　收集地点：山西省长治市襄垣县虒亭镇西南沟村
主要特征特性：粒色黄；立夏种，秋分收。抗旱、耐瘠，黍米口感软。（繁种未出苗，资料来源于采集地）

图 8-27　金黄黍（2021142175）

8.28 黑黍子

采集编号：2021142189　　　　　科：禾本科　　　属：黍属　　　　　种：黍稷
收集时间：2021 年　　　　　　　收集地点：山西省长治市襄垣县虒亭镇西南沟村
主要特征特性：籽粒褐色；立夏种，秋分收。抗旱、耐瘠，黍米口感好。（繁种未出苗，资料来源于采集地）

图 8-28　黑黍子（2021142189）

8.29 大红软黍

采集编号：2021142192　　　　　科：禾本科　　属：黍属　　　　　种：黍稷
收集时间：2021 年　　　　　　　收集地点：山西省长治市襄垣县虒亭镇东岭村
主要特征特性：侧密穗型，绿色花序，粒色红，米色黄；籽粒千粒重 8.5g，属大粒品种，糯性，生育期 91d，属于早熟品种。丰产性好，是当地黏糕用主要品种。

图 8-29　大红软黍（2021142192）

8.30 黄软黍

采集编号：P140424007　　　　　科：禾本科　　属：黍属　　　　　种：黍稷
收集时间：2020 年　　　　　　　收集地点：山西省长治市屯留区上莲开发区狗圪廊村
主要特征特性：密穗型，绿色花序，粒色红，米色黄；籽粒千粒重 6.3g，糯性，生育期 80d，属特早熟品种。抗逆性强，适应性广，适宜中等肥力以下地块种植。当地主要用于麦茬复播和救灾补种，食用以加工面粉蒸馒头为主。

图 8-30　黄软黍（P140424007）

8.31 红软黍、糯黍

采集编号：P140424008　　　　　　　　科：禾本科　　　属：黍属　　　　　种：黍稷
收集时间：2020 年　　　　　　　　　　收集地点：山西省长治市屯留区河神庙乡柏盛村
主要特征特性：侧密穗型，紫色花序，粒色红，米色黄；籽粒千粒重 7.9g，糯性，生育期 119d，属晚熟品种。抗逆性强，适应性广，丰产性好，适宜中等肥力以下地块种植，一般亩产 300kg 左右。当地用于加工面粉蒸馒头，味美可口。

图 8-31　红软黍、糯黍（P140424008）

8.32 黑软黍

采集编号：P140424010　　　　　　　　科：禾本科　　　属：黍属　　　　　种：黍稷
收集时间：2020 年　　　　　　　　　　收集地点：山西省长治市屯留区张店镇七泉村
主要特征特性：侧穗型，绿色花序，粒色褐，米色黄；籽粒千粒重 8.0g，属大粒品种，糯性，生育期 115d，属晚熟品种。抗逆性强，适应性广，丰产性好，一般亩产 300 ～ 350kg，适宜中等肥力以下地块种植，是当地黏糕和馒头用优良品种。

图 8-32　黑软黍（P140424010）

8.33 黄软黍

采集编号：P140424013　　　　　　　科：禾本科　　　属：黍属　　　　　种：黍稷
收集时间：2020 年　　　　　　　　收集地点：山西省长治市屯留区上莲开发区交川村
主要特征特性：密穗型，绿色花序，粒色红，米色黄；籽粒千粒重 6.4g，糯性，生育期 79d，属特早熟品种。田间不抗倒伏，当地主要用于麦茬复播和救灾补种。米质软糯，宜做黏糕食用。

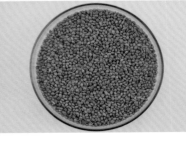

图 8-33　黄软黍（P140424013）

8.34 鸡爪黍

采集编号：P140424031　　　　　　　科：禾本科　　　属：黍属　　　　　种：黍稷
收集时间：2021 年　　　　　　　　收集地点：山西省长治市屯留区丰宜乡陈郝庄村
主要特征特性：密穗型，穗似鸡爪，绿色花序，粒色红，米色黄；籽粒千粒重 6.1g，糯性，生育期 79d，属特早熟品种。田间不抗倒伏，宜旱地种植，可用于麦茬复播和救灾补种。米质软糯，当地主要用于蒸黄蒸食用。

图 8-34　鸡爪黍（P140424031）

8.35 白软黍

采集编号：P140424032　　　　科：禾本科　　属：黍属　　　　种：黍稷
收集时间：2021 年　　　　　　收集地点：山西省长治市屯留区丰宜乡陈郝庄村
主要特征特性：侧穗型，绿色花序，粒色白，米色黄；籽粒千粒重 7.0g，糯性，生育期 115d，属晚熟品种。田间抗旱性较强，适应性广。米质软糯，穗子长，是粮、帚兼用品种，经济价值较高。

图 8-35　白软黍（P140424032）

8.36 软黍米

采集编号：P140425009　　　　科：禾本科　　属：黍属　　　　种：黍稷
收集时间：2020 年　　　　　　收集地点：山西省长治市平顺县东寺头乡桑家河村
主要特征特性：侧穗型，紫色花序，粒色红，米色黄；籽粒千粒重 7.7g，糯性，生育期 119d，属晚熟品种。田间抗旱性较强，适应性广，丰产性好。米质软糯，穗子较长，是粮、帚兼用品种，经济价值较高。

图 8-36　软黍米（P140425009）

8.37 硬黍米

采集编号：P140425016　　　　　科：禾本科　　　属：黍属　　　　　种：黍稷

收集时间：2020 年　　　　　　　收集地点：山西省长治市平顺县东寺头乡羊老岩村

主要特征特性：穗长 40 ～ 50cm，侧穗型，绿色花序，粒色黄，米色黄；籽粒千粒重 7.0g，粳性，生育期 114d，属晚熟品种。一般亩产 250 ～ 300kg，籽粒适口性好，是当地米饭用优良品种。

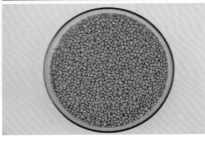

图 8-37　硬黍米（P140425016）

8.38 红黍子（稷）

采集编号：2021141219　　　　　科：禾本科　　　属：黍属　　　　　种：黍稷

收集时间：2021 年　　　　　　　收集地点：山西省长治市平顺县龙溪镇杨威村

主要特征特性：侧穗型，绿色花序，粒色红，米色黄；籽粒千粒重 8.1g，属大粒品种，粳性，生育期 96d，属于早熟品种。田间长势旺盛，抗倒性强，丰产性好。籽粒品质优良，当地主要用于蒸米饭、摊煎饼等食用。

图 8-38　红黍子（2021141219）

8.39 糜子

采集编号：2021141230　　　　　　科：禾本科　　　　属：黍属　　　　种：黍稷
收集时间：2021 年　　　　　　　　收集地点：山西省长治市平顺县龙溪镇杨威村
主要特征特性：侧穗型，绿色花序，粒色褐，米色黄；籽粒千粒重 7.4g，粳性，生育期 94d，属于早熟品种。丰产性较好，是当地主要的调剂杂粮。

图 8-39　糜子（2021141230）

8.40 糜子

采集编号：2021141233　　　　　　科：禾本科　　　　属：黍属　　　　种：黍稷
收集时间：2021 年　　　　　　　　收集地点：山西省长治市平顺县龙溪镇杨威村
主要特征特性：粳性品种，抗病虫害，耐土地贫瘠，糜米食用味道香。（繁种未出苗，资料来源于采集地）

图 8-40　糜子（2021141233）

8.41 黍子（稷）

采集编号：2021141257　　　　　科：禾本科　　　属：黍属　　　　种：黍稷
收集时间：2021 年　　　　　　　收集地点：山西省长治市平顺县阳高乡奥治村
主要特征特性：侧穗型，绿色花序，粒色黄，米色黄；籽粒千粒重 6.5g，粳性，生育期 97d，属于早熟品种。丰产性好，是当地主要的杂粮品种。

图 8-41　黍子（2021141257）

8.42 黍子

采集编号：2021141264　　　　　科：禾本科　　　属：黍属　　　　种：黍稷
收集时间：2021 年　　　　　　　收集地点：山西省长治市平顺县虹梯关乡虹梯关村
主要特征特性：侧穗型，紫色花序，粒色白，米色白；籽粒千粒重 6.8g，糯性，生育期 99d，属于早熟品种。是稀有的白米粒品种，黍米糯性好，以做黏糕、软粥食用为主。

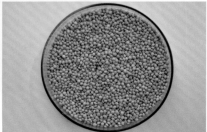

图 8-42　黍子（2021141264）

8.43 黍子（稷）

采集编号：2021141282　　　　　科：禾本科　　　属：黍属　　　　　种：黍稷
收集时间：2021 年　　　　　　收集地点：山西省长治市平顺县虹梯关乡虹霓关村
主要特征特性：侧穗型，绿色花序，粒色黄，米色黄；籽粒千粒重 6.4g，粳性，生育期 100d，属于中熟品种。米粒主要用于蒸米饭和发糕等。

图 8-43　黍子（2021141282）

8.44 青糜子

采集编号：2021141295　　　　　科：禾本科　　　属：黍属　　　　　种：黍稷
收集时间：2021 年　　　　　　收集地点：山西省长治市平顺县龙溪镇白家庄村
主要特征特性：侧穗型，绿色花序，粒色灰，米色黄；籽粒千粒重 7.7g，粳性，生育期 97d，属于早熟品种。糜米主要用于做米饭和折饼等食用。

图 8-44　青糜子（2021141295）

8.45 白糜子（黍）

采集编号：2021141303　　　　　　科：禾本科　　　　属：黍属　　　　　种：黍稷

收集时间：2021 年　　　　　　　　收集地点：山西省长治市平顺县龙溪镇白家庄村

主要特征特性：侧穗型，绿色花序，粒色白，米色黄；籽粒千粒重 6.7g，糯性，生育期 93d，属于早熟品种。籽粒主要用于做糯米饭和黏糕食用。

图 8-45　白糜子（2021141303）

8.46 糜子（黍）

采集编号：2021141309　　　　　　科：禾本科　　　　属：黍属　　　　　种：黍稷

收集时间：2021 年　　　　　　　　收集地点：山西省长治市平顺县龙溪镇白家庄村

主要特征特性：侧穗型，绿色花序，粒色褐，米色黄；籽粒千粒重 7.7g，糯性，生育期 93d，属于早熟品种。米粒食用软糯，当地主要作为黏糕的食材。

图 8-46　糜子（2021141309）

8.47 红黍

采集编号：P140402039　　　　　　　科：禾本科　　　属：黍属　　　　　种：黍稷

收集时间：2021年　　　　　　　　收集地点：山西省长治市潞州区老顶山镇嶂头村

主要特征特性：侧穗型，紫色花序，粒色红，米色黄；籽粒千粒重7.6g，糯性，生育期105d，属于中熟品种。田间抗旱性较强，耐寒、耐贫瘠、耐盐碱、抗病虫害，是当地主要调剂食粮，黍米多用于蒸制当地传统美食黄蒸。

图 8-47　红黍（P140402039）

8.48 黑黍

采集编号：P140402040　　　　　　　科：禾本科　　　属：黍属　　　　　种：黍稷

收集时间：2021年　　　　　　　　收集地点：山西省长治市潞州区老顶山镇嶂头村

主要特征特性：侧穗型，紫色花序，粒色褐，米色黄；籽粒千粒重6.9g，糯性，生育期99d，属于早熟品种。田间抗旱性较强，耐寒、耐贫瘠、耐盐碱、抗病虫害。黍米糯性好，是当地黄蒸用主要品种。

图 8-48　黑黍（P140402040）

8.49 白黍

采集编号：P140402042 　　　　科：禾本科 　　属：黍属 　　　　种：黍稷

收集时间：2021 年 　　　　　　收集地点：山西省长治市潞州区老顶山镇涧沟村

主要特征特性：株高 1.5～1.6m，穗顶部披散；抗旱，耐贫瘠。米软，品质优，主要用于蒸黄蒸。（繁种未出苗，资料来源于采集地）

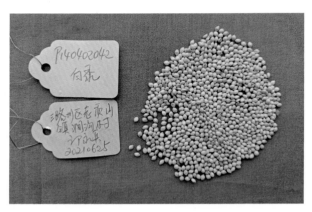

图 8-49　白黍（P140402042）

8.50 白黍

采集编号：P140428019 　　　　科：禾本科 　　属：黍属 　　　　种：黍稷

收集时间：2020 年 　　　　　　收集地点：山西省长治市长子县石哲镇横水林区

主要特征特性：侧穗型，紫色花序，粒色白，米色黄；籽粒千粒重 6.8g，糯性，生育期 123d，属极晚熟品种。一般亩产 150～170kg，黍米品质筋糯，适口性好，是当地黏糕用主栽品种。

图 8-50　白黍（P140428019）

8.51 黑黍

采集编号：P140428039　　　　　　　科：禾本科　　　属：黍属　　　　　种：黍稷
收集时间：2020 年　　　　　　　　收集地点：山西省长治市长子县石哲镇南沟庄村
主要特征特性：侧密穗型，绿色花序，粒色褐，米色黄；籽粒千粒重 7.9g，糯性，生育期 117d，属晚熟品种。抗逆性强，适应性广，丰产性好，适宜中等肥力以下地块种植。黍米用于蒸黄蒸、做黏糕，品质上好。

图 8-51　黑黍（P140428039）

8.52 白黍

采集编号：P140428041　　　　　　　科：禾本科　　　属：黍属　　　　　种：黍稷
收集时间：2021 年　　　　　　　　收集地点：山西省长治市长子县石哲镇南沟庄村
主要特征特性：侧穗型，紫色花序，粒色白，米色黄；籽粒千粒重 7.3g，糯性，生育期 125d，属极晚熟品种。抗逆性强，适应性广，高产、优质，是优良的黏糕和黄蒸用品种。

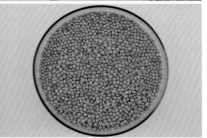

图 8-52　白黍（P140428041）

8.53 软黍

采集编号：P140428044　　　　　　科：禾本科　　　属：黍属　　　　　　种：黍稷

收集时间：2021 年　　　　　　　　收集地点：山西省长治市长子县石哲镇苗底村

主要特征特性：侧穗型，紫色花序，粒色红，米色黄；籽粒千粒重 8.2g，属大粒品种，糯性，生育期 124d，属极晚熟品种。抗逆性强，适应性广，高产、优质，是优良的黏糕和黄蒸用品种。

图 8-53　软黍（P140428044）

8.54 白糜子（黍）

采集编号：P140427001　　　　　　科：禾本科　　　属：黍属　　　　　　种：黍稷

收集时间：2020 年　　　　　　　　收集地点：山西省长治市壶关县石坡乡南坪头坞村

主要特征特性：侧穗型，绿色花序，粒色白，米色淡黄；籽粒千粒重 7.5g，糯性，生育期 120d，属极晚熟品种。亩产 150kg 左右，籽粒品质优，是当地主要的调剂食粮。

图 8-54　白糜子（P140427001）

8.55 红糜子（黍）

采集编号：P140427002　　　　　科：禾本科　　属：黍属　　　　　种：黍稷
收集时间：2020 年　　　　　　　收集地点：山西省长治市壶关县石坡乡南坪头坞村
主要特征特性：侧穗型，紫色花序，粒色红，米色黄；籽粒千粒重 8.3g，属大粒品种，糯性，生育期 121d，属极晚熟品种。亩产 200kg 左右，抗旱性强，是当地丘陵旱地的主栽品种。

图 8-55　红糜子（P140427002）

8.56 黑黏黍

采集编号：P140427007　　　　　科：禾本科　　属：黍属　　　　　种：黍稷
收集时间：2020 年　　　　　　　收集地点：山西省长治市壶关县树掌镇河东村
主要特征特性：侧穗型，绿色花序，粒色褐，米色黄；籽粒千粒重 7.5g，糯性，生育期 123d，属极晚熟品种。丰产性好，亩产 175kg 左右，黍米品质优，是当地主要的调剂食粮。

图 8-56　黑黏黍（P140427007）

8.57 硬黍、白粮米

采集编号：P140421001 科：禾本科 属：黍属 种：黍稷
收集时间：2020 年 收集地点：山西省长治市上党区南宋乡东掌村
主要特征特性：侧穗型，绿色花序，粒色黄，米色黄；籽粒千粒重 6.6g，粳性，生育期 122d，属于极晚熟品种。田间抗旱性较强，耐寒、耐贫瘠、耐盐碱、抗病虫害，是当地主要的调剂食粮，黍米主要用于蒸黄蒸和发糕。

图 8-57 硬黍、白粮米（P140421001）

8.58 红黍

采集编号：P140421002 科：禾本科 属：黍属 种：黍稷
收集时间：2020 年 收集地点：山西省长治市上党区南宋乡东掌村
主要特征特性：侧密穗型，紫色花序，粒色红，米色黄；籽粒千粒重 7.1g，糯性，生育期 120d，属于极晚熟品种。田间抗旱性较强，耐寒、耐贫瘠、耐盐碱、抗病虫害。籽粒糯性好，当地主要用于蒸黄蒸食用。

图 8-58 红黍（P140421002）

8.59 黑软黍

采集编号：P140421007 　　　　科：禾本科 　　属：黍属 　　　　种：黍稷

收集时间：2021 年 　　　　收集地点：山西省长治市上党区南宋乡东掌村

主要特征特性：侧穗型，绿色花序，粒色褐，米色黄；籽粒千粒重 7.7g，糯性，生育期 122d，属于极晚熟品种。田间抗旱性较强，耐寒、耐贫瘠、耐盐碱、抗病虫害。丰产性好，喜水肥，在水肥条件良好的情况下，亩产可达 400kg 以上，是当地主栽品种。黍米糯性好，当地主要用于蒸黄蒸食用。

图 8-59　黑软黍（P140421007）

8.60 白软黍

采集编号：P140421008 　　　　科：禾本科 　　属：黍属 　　　　种：黍稷

收集时间：2020 年 　　　　收集地点：山西省长治市上党区南宋乡东掌村

主要特征特性：侧穗型，紫色花序，粒色白，米色黄；籽粒千粒重 6.9g，糯性，生育期 125d，属于极晚熟品种。田间抗旱性较强，抗病虫害，不抗倒伏，适宜中等肥力以下地块种植。黍米糯性好，是当地黏糕和黄蒸用主要品种。

图 8-60　白软黍（P140421008）

8.61 红软黍

采集编号：P140421023　　　　　科：禾本科　　属：黍属　　　　种：黍稷
收集时间：2020 年　　　　　　　收集地点：山西省长治市上党区八义镇南山村
主要特征特性：侧穗型，绿色花序，粒色红，米色黄；籽粒千粒重 8.4g，属大粒品种，糯性，生育期 119d，属于晚熟品种。田间抗旱性较强，抗病虫害，不抗倒伏，适宜中等肥力以下地块种植。米质软糯，营养丰富，是当地主要的调剂杂粮。

图 8-61　红软黍（P140421023）

8.62 黑黍

采集编号：P140421046　　　　　科：禾本科　　属：黍属　　　　种：黍稷
收集时间：2020 年　　　　　　　收集地点：山西省长治市上党区八义乡龙山村
主要特征特性：侧穗型，绿色花序，粒色褐，米色黄；籽粒千粒重 7.4g，糯性，生育期 118d，属于晚熟品种。田间抗旱性较强，抗病虫害，不抗倒伏，宜旱地种植。米质软且黏性大，口感好。

图 8-62　黑黍（P140421046）

8.63 白粮米

采集编号：P140421048　　　　　　科：禾本科　　属：黍属　　　　种：黍稷

收集时间：2021 年　　　　　　　收集地点：山西省长治市上党区八义镇龙山村

主要特征特性：株高 90 ～ 100cm；抗旱、耐瘠。品质优，糕面软且黏性大，主要用于蒸团子、做油炸糕，多用于婚丧嫁娶等宴席。（繁种未出苗，资料来源于采集地）

图 8-63　白粮米（P140421048）

九、临汾市

9.1 黑糜子（黍）

采集编号：P141032014　　　　　科：禾本科　　　属：黍属　　　　种：黍稷

收集时间：2020 年　　　　　　收集地点：山西省临汾市永和县阁底镇西庄村

主要特征特性：侧密穗型，绿色花序，粒色褐，米色黄；籽粒千粒重 8.1g，属大粒品种，糯性，生育期 120d，属极晚熟品种。当地 6 月中旬播种，10 月上旬收获，田间抗旱，耐贫瘠。黍米软糯，适宜做黏糕。

图 9-1　黑糜子（P141032014）

9.2 灰糜子（黍）

采集编号：P141032021　　　　　科：禾本科　　　属：黍属　　　　种：黍稷

收集时间：2020 年　　　　　　收集地点：山西省临汾市永和县阁底镇庄则坪村

主要特征特性：侧散穗型，绿色花序，粒色条灰，米色黄；籽粒千粒重 7.2g，糯性，生育期 120d，属极晚熟品种。当地 5 月下旬播种，9 月下旬收获，抗旱、耐贫瘠。籽粒较软糯，品质优。

图 9-2　灰糜子（P141032021）

9.3 红糜子（黍）

采集编号：P141032022　　　　　科：禾本科　　　属：黍属　　　　　种：黍稷
收集时间：2020 年　　　　　　　收集地点：山西省临汾市永和县阁底镇庄则坪村
主要特征特性：侧密穗型，紫色花序，粒色红，米色黄；籽粒千粒重 7.5g，糯性，生育期 120d，属极晚熟品种。当地 5 月下旬播种，9 月下旬收获，抗旱、抗病、耐贫瘠、喜凉爽，产量一般。籽粒品质优，做糕食用较软糯，适口性好。

图 9-3　红糜子（P141032022）

9.4 白糜子（黍）

采集编号：P141032037　　　　　科：禾本科　　　属：黍属　　　　　种：黍稷
收集时间：2022 年　　　　　　　收集地点：山西省临汾市永和县芝河镇榆林则村
主要特征特性：侧密穗型，绿色花序，粒色白，米色黄；籽粒千粒重 7.3g，糯性，生育期 124d，属极晚熟品种。当地 6 月中旬播种，10 月上旬收获，抗旱、耐贫瘠，丰产性好。籽粒糯性好，适合做黏糕。

图 9-4　白糜子（P141032037）

9.5 黑糜子（黍）

采集编号：2023146002　　　　科：禾本科　　属：黍属　　　　种：黍稷

收集时间：2023 年　　　　　　收集地点：山西省临汾市永和县芝河镇榆林则村

主要特征特性：侧穗型，绿色花序，粒色褐，米色黄；籽粒千粒重 8.3g，属大粒品种，糯性，生育期 96d，属于早熟品种。当地立夏播种，白露收获。抗旱、耐瘠，籽粒口感软糯，主要用于做油炸糕、包粽子、蒸糯米饭等。

图 9-5　黑糜子（2023146002）

9.6 白糜子（黍）

采集编号：2023146005　　　　科：禾本科　　属：黍属　　　　种：黍稷

收集时间：2023 年　　　　　　收集地点：山西省临汾市永和县芝河镇榆林则村

主要特征特性：侧穗型，绿色花序，粒色白，米色黄；籽粒千粒重 7.8g，糯性，生育期 118d，属于晚熟品种。当地夏至播种，秋分收获。抗旱、耐瘠，丰产性好，出米率高。米粒食用口感软糯，味道香。

图 9-6　白糜子（2023146005）

9.7 笤帚糜

采集编号：2023146007　　　　科：禾本科　　　属：黍属　　　种：黍稷

收集时间：2023 年　　　　　　收集地点：山西省临汾市永和县乾坤湾乡西庄村

主要特征特性：侧散穗型，绿色花序，粒色灰，米色淡黄；籽粒千粒重 7.4g，粳性，生育期 115d，属于晚熟品种。当地谷雨后播种，秋分收获。抗旱、耐瘠。茎秆柔韧性好，穗子长，适合加工笤帚。籽粒主要做米饭食用。

图 9-7　笤帚糜（2023146007）

9.8 白糜子（黍）

采集编号：2023146016　　　　科：禾本科　　　属：黍属　　　种：黍稷

收集时间：2023 年　　　　　　收集地点：山西省临汾市永和县乾坤湾乡西庄村

主要特征特性：侧穗型，绿色花序，粒色白，米色黄；籽粒千粒重 7.8g，糯性，生育期 107d，属于中熟品种。当地小满播种，秋分收获。抗旱、耐瘠，丰产性好，出米率高。籽粒口感软糯，是做黏糕的好食材。

图 9-8　白糜子（2023146016）

9.9 黑糜子（黍）

采集编号：2023146017　　　　　　科：禾本科　　　属：黍属　　　　种：黍稷
收集时间：2023 年　　　　　　　　收集地点：山西省临汾市永和县乾坤湾乡西庄村
主要特征特性：侧穗型，绿色花序，粒色褐，米色黄；籽粒千粒重 8.6g，属大粒品种，糯性，生育期102d，属于中熟品种。当地小满播种，秋分收获。抗旱、耐瘠，丰产性好。籽粒口感软糯，是当地黏糕用优良品种。

图 9-9　黑糜子（2023146017）

9.10 糜子（黍）

采集编号：2023146026　　　　　　科：禾本科　　　属：黍属　　　　种：黍稷
收集时间：2023 年　　　　　　　　收集地点：山西省临汾市永和县乾坤湾乡雨林村
主要特征特性：侧穗型，绿色花序，粒色白，米色黄；籽粒千粒重 8.2g，属大粒品种，糯性，生育期106d，属于中熟品种。当地夏至播种，秋分收获。抗旱、耐瘠，出米率高。籽粒口感软糯，是黏糕用主要品种。

图 9-10　糜子（2023146026）

9.11 红糜子（黍）

采集编号：2023146039　　　　科：禾本科　　　属：黍属　　　　种：黍稷
收集时间：2023 年　　　　　收集地点：山西省临汾市永和县乾坤湾乡雨林村
主要特征特性：籽粒红色；清明播种，秋分收获。抗旱、耐瘠。籽粒口感软糯。（繁种未出苗，资料来源于采集地）

图 9-11　红糜子（2023146039）

9.12 硬糜子

采集编号：2023146045　　　　科：禾本科　　　属：黍属　　　　种：黍稷
收集时间：2023 年　　　　　收集地点：山西省临汾市永和县乾坤湾乡雨林村
主要特征特性：侧穗型，绿色花序，粒色黄，米色黄；籽粒千粒重 7.5g，粳性，生育期 112d，属于晚熟品种。当地小满播种，秋分收获。抗旱、耐瘠，丰产性好。籽粒适宜做米饭、蒸发糕、摊煎饼等。

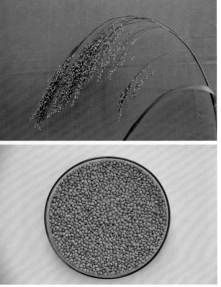

图 9-12　硬糜子（2023146045）

9.13 硬糜子

采集编号：2023146059　　　　科：禾本科　　属：黍属　　　　种：黍稷

收集时间：2023 年　　　　　　收集地点：山西省临汾市永和县楼山乡南楼村

主要特征特性：侧穗型，紫色花序，粒色白，米色黄；籽粒千粒重 8.1g，属大粒品种，粳性，生育期 117d，属于晚熟品种。当地小满播种，秋分收获。抗旱、耐瘠。籽粒主要用于做米饭、蒸发糕、摊煎饼等。

图 9-13　硬糜子（2023146059）

9.14 黑嘴软糜子

采集编号：2023146060　　　　科：禾本科　　属：黍属　　　　种：黍稷

收集时间：2023 年　　　　　　收集地点：山西省临汾市永和县楼山乡南楼村

主要特征特性：侧穗型，绿色花序，粒色为白色上有一点黑，米色黄；籽粒千粒重 6.5g，糯性，生育期 107d，属于中熟品种。当地小满播种，秋分收获。抗旱、耐瘠，籽粒口感软糯。

图 9-14　黑嘴软糜子（2023146060）

9.15 笤帚糜

采集编号：2023146064　　　　　　科：禾本科　　　属：黍属　　　　　种：黍稷
收集时间：2023 年　　　　　　　　收集地点：山西省临汾市永和县楼山乡南楼村
主要特征特性：侧散穗型，绿色花序，粒色白，米色黄；籽粒千粒重 6.9g，粳性，生育期 108d，属中熟品种。当地小满播种，秋分收获。抗旱、耐瘠。籽粒可用于做米饭，穗子可做笤帚。

图 9-15　笤帚糜（2023146064）

9.16 红糜子（黍）

采集编号：2023146084　　　　　　科：禾本科　　　属：黍属　　　　　种：黍稷
收集时间：2023 年　　　　　　　　收集地点：山西省临汾市永和县楼山乡都苏村
主要特征特性：粒色红；糯性。当地立夏播种，秋分收获。抗旱、耐瘠。籽粒口感软糯。（繁种后未出苗，资料来源于采集地）

图 9-16　红糜子（2023146084）

9.17 糜子（黍）

采集编号：P141031001　　　　　　科：禾本科　　　属：黍属　　　　　　种：黍稷
收集时间：2020 年　　　　　　　　收集地点：山西省临汾市隰县龙泉镇北庄村
主要特征特性：侧散穗型，绿色花序，粒色条灰，米色淡黄；籽粒千粒重 7.8g，糯性，生育期 115d，属晚熟品种。当地 4 月中旬播种，8 月下旬收获。田间抗旱、耐贫瘠、抗病。籽粒较软糯，是做油炸糕的好食材。

图 9-17　糜子（P141031001）

9.18 白软糜子

采集编号：P141031008　　　　　　科：禾本科　　　属：黍属　　　　　　种：黍稷
收集时间：2020 年　　　　　　　　收集地点：山西省临汾市隰县陡坡乡黑桑村
主要特征特性：侧穗型，绿色花序，粒色白，米色黄；籽粒千粒重 7.1g，糯性，生育期 109d，属中熟品种。在当地种植历史悠久，4 月下旬播种，8 月下旬收获，田间抗旱、耐贫瘠。米质糯性弱，是做发糕的好食材。

图 9-18　白软糜子（P141031008）

9.19 红糜子（黍）

采集编号：P141031027　　　　　科：禾本科　　　属：黍属　　　　种：黍稷

收集时间：2020 年　　　　　　　收集地点：山西省临汾市隰县下李乡下李村

主要特征特性：侧密穗型，绿色花序，粒色红，米色黄；籽粒千粒重 8.5g，属大粒品种，糯性，生育期 115d，属晚熟品种。当地种植历史悠久，5 月上旬播种，9 月上旬收获，田间抗旱、抗病、耐贫瘠。籽粒软糯、品质优，磨面可做黏糕。

图 9-19　红糜子（P141031027）

9.20 红糜子（黍）

采集编号：P141034005　　　　　科：禾本科　　　属：黍属　　　　种：黍稷

收集时间：2020 年　　　　　　　收集地点：山西省临汾市汾西县邢家要乡刁底村

主要特征特性：侧密穗型，绿色花序，粒色红，米色黄；籽粒千粒重 7.6g，糯性，生育期 118d，属晚熟品种。当地一般 6 月初播种，10 月中旬收获。抗旱、耐贫瘠、适应性广。籽粒软糯，是蒸糯米饭和做油炸糕的好食材。

图 9-20　红糜子（P141034005）

9.21 灰糜子（黍）

采集编号：P141034026　　　　　　　科：禾本科　　　属：黍属　　　　　　种：黍稷
收集时间：2020 年　　　　　　　　　收集地点：山西省临汾市汾西县永安乡独堆村
主要特征特性：侧穗型，绿色花序，粒色为白色上有一点灰，米色黄；籽粒千粒重 7.4g，糯性，生育期 117d，属晚熟品种。当地一般 6 月中旬播种，9 月下旬收获。田间抗旱、耐贫瘠、抗病。籽粒软糯，是做油炸糕的好食材。

图 9-21　灰糜子（P141034026）

9.22 红糜子（黍）

采集编号：P141082034　　　　　　　科：禾本科　　　属：黍属　　　　　　种：黍稷
收集时间：2020 年　　　　　　　　　收集地点：山西省临汾市霍州市三教乡前干节村
主要特征特性：侧穗型，紫色花序，粒色红，米色黄；籽粒千粒重 8.3g，属大粒品种，糯性，生育期 120d，属极晚熟品种。当地春播 4 月中下旬播种，9 月中下旬收获；复播 6 月中旬播种，10 中旬收获。籽粒可以做油炸糕、蒸米饭，是当地不可缺少的调剂食粮。

图 9-22　红糜子（P141082034）

9.23 软糜子

采集编号：2023142034　　　　　　　　科：禾本科　　　属：黍属　　　　　种：黍稷
收集时间：2023 年　　　　　　　　　　收集地点：山西省临汾市霍州市三教乡主乐村
主要特征特性：侧穗型，绿色花序，粒色褐，米色黄；籽粒千粒重 7.3g，糯性，生育期 113d，属于晚熟品种。当地夏至后播种，秋分收获。抗旱、耐瘠。籽粒口感软糯，是做黏糕的好食材。

图 9-23　软糜子（2023142034）

9.24 糜子（黍）

采集编号：2023142088　　　　　　　　科：禾本科　　　属：黍属　　　　　种：黍稷
收集时间：2023 年　　　　　　　　　　收集地点：山西省临汾市霍州市李曹镇悬泉山村
主要特征特性：侧穗型，绿色花序，粒色褐，米色黄；籽粒千粒重 7.3g，糯性，生育期 111d，属于晚熟品种。当地清明播种，处暑收获。抗旱、耐瘠。籽粒主要用于做黏糕食用。

图 9-24　糜子（2023142088）

9.25 软糜黍

采集编号：P141033041　　　　科：禾本科　　属：黍属　　　　种：黍稷
收集时间：2021 年　　　　　　收集地点：山西省临汾市蒲县克城镇公峪村
主要特征特性：侧穗型，绿色花序，粒色黄，米色黄；籽粒千粒重 6.9g，糯性，生育期 115d，属晚熟品种。在丘陵山地均可种植，茎秆粗壮，抗倒性强。米质黏糯，富含粗纤维、粗蛋白，是黏糕用优良品种。

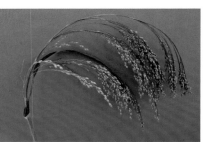

图 9-25　软糜黍（P141033041）

9.26 糜子（黍）

采集编号：2023141009　　　　科：禾本科　　属：黍属　　　　种：黍稷
收集时间：2023 年　　　　　　收集地点：山西省临汾市蒲县黑龙关镇邱家窑村
主要特征特性：侧穗型，绿色花序，粒色红，米色黄；籽粒千粒重 8.3g，属大粒品种，糯性，生育期 102d，属于中熟品种。当地芒种播种，秋分收获。抗旱、耐瘠。糕面口感软糯。

图 9-26　糜子（2023141009）

9.27 黄糜子

采集编号：2023141023　　　　　科：禾本科　　　属：黍属　　　　种：黍稷
收集时间：2023 年　　　　　　收集地点：山西省临汾市蒲县黑龙关镇圪桃凹村
主要特征特性：侧穗型，绿色花序，粒色黄，米色黄；籽粒千粒重 7.9g，粳性，生育期 106d，属于中熟品种。当地立夏播种，9 月初收获。抗旱、耐瘠。茎秆柔韧，穗子长，适宜做笤帚，籽粒是当地调剂食粮。

图 9-27　黄糜子（2023141023）

9.28 白糜子（黍）

采集编号：2023141037　　　　　科：禾本科　　　属：黍属　　　　种：黍稷
收集时间：2023 年　　　　　　收集地点：山西省临汾市蒲县黑龙关镇武家沟村
主要特征特性：侧穗型，绿色花序，粒色白，米色黄；籽粒千粒重 7.5g，糯性，生育期 99d，属于早熟品种。当地 5 月底播种，农历八月收获。抗旱、耐瘠。丰产性好，出米率高。籽粒主要做黏糕食用，味道香。

图 9-28　白糜子（2023141037）

9.29 灰糜子（黍）

采集编号：2023141056　　　　　　　科：禾本科　　　属：黍属　　　种：黍稷
收集时间：2023 年　　　　　　　　　收集地点：山西省临汾市蒲县古县乡贺家庄村
主要特征特性：侧穗型，绿色花序，粒色为白色上有一点灰，米色黄；籽粒千粒重 8.6g，属大粒品种，糯性，生育期 112d，属于晚熟品种。当地农历 5 月初播种，秋分收获。抗旱、耐瘠。籽粒主要做黏糕食用，软糯，味道香。

图 9-29　灰糜子（2023141056）

9.30 白糜子（黍）

采集编号：2023141057　　　　　　　科：禾本科　　　属：黍属　　　种：黍稷
收集时间：2023 年　　　　　　　　　收集地点：山西省临汾市蒲县古县乡贺家庄村
主要特征特性：侧穗型，绿色花序，粒色白，米色黄；籽粒千粒重 7.1g，糯性，生育期 118d，属于晚熟品种。当地农历五月初播种，秋分收获。抗旱、耐瘠，出米率高。米粒口感软糯，适宜做糕。

图 9-30　白糜子（2023141057）

9.31 红糜子（黍）

采集编号：2023141064
科：禾本科　　　　属：黍属　　　　种：黍稷
收集时间：2023 年
收集地点：山西省临汾市蒲县古县乡贺家庄村
主要特征特性：侧穗型，绿色花序，粒色红，米色黄；籽粒千粒重 8.1g，属大粒品种，糯性，生育期 107d，属于中熟品种。当地农历 5 月初播种，秋分收获。抗旱、耐瘠。籽粒主要做油炸糕食用。

图 9-31　红糜子（2023141064）

9.32 黄糜子

采集编号：2023141066
科：禾本科　　　　属：黍属　　　　种：黍稷
收集时间：2023 年
收集地点：山西省临汾市蒲县古县乡贺家庄村
主要特征特性：侧散穗型，绿色花序，粒色黄，米色黄；籽粒千粒重 7.4g，粳性，生育期 118d，属于晚熟品种。当地谷雨播种，霜降收获。抗旱、耐瘠。籽粒食用以米饭为主，穗子主要做笤帚用。

图 9-32　黄糜子（2023141066）

9.33 软糜子

采集编号：2023141088　　　　　科：禾本科　　　　属：黍属　　　　种：黍稷
收集时间：2023 年　　　　　　收集地点：山西省临汾市蒲县乔家湾镇乔家湾村
主要特征特性：侧穗型，绿色花序，粒色红，米色黄；籽粒千粒重 7.2g，糯性，生育期 104d，属于中熟品种。当地农历 5 月初播种，秋分收获。抗旱、耐瘠。籽粒口感软糯，适宜做油炸糕食用。

图 9-33　软糜子（2023141088）

9.34 白软糜子

采集编号：2023141094　　　　　科：禾本科　　　　属：黍属　　　　种：黍稷
收集时间：2023 年　　　　　　收集地点：山西省临汾市蒲县乔家湾镇乔家湾村
主要特征特性：侧密穗型，绿色花序，粒色白，米色黄；籽粒千粒重 7.6g，糯性，生育期 123d，属于极晚熟品种。当地农历 5 月初播种，10 月收获。抗旱、耐瘠，丰产性好，出米率高。籽粒口感软糯，是黏糕用优良食材。

图 9-34　白软糜子（2023141094）

9.35 硬糜子

采集编号：2023141096　　　　科：禾本科　　　属：黍属　　　　种：黍稷
收集时间：2023 年　　　　　　收集地点：山西省临汾市蒲县乔家湾镇前坡河村
主要特征特性：侧穗型，绿色花序，粒色黄，米色黄；籽粒千粒重 6.9g，粳性，生育期 112d，属于晚熟品种。当地清明后播种，秋分收获。抗旱、耐瘠。籽粒食用以米饭为主。穗子长且茎秆柔韧性好，可用于做笤帚。

图 9-35　硬糜子（2023141096）

9.36 黑糜子（黍）

采集编号：2023141097　　　　科：禾本科　　　属：黍属　　　　种：黍稷
收集时间：2023 年　　　　　　收集地点：山西省临汾市蒲县乔家湾镇前坡河村
主要特征特性：清明节后播种，秋分收获。抗旱、耐瘠。籽粒做黏糕食用。（繁种未出苗，资料来源于采集地）

图 9-36　黑糜子（2023141097）

9.37 红糜子（黍）

采集编号：P141025048　　　　科：禾本科　　属：黍属　　　　种：黍稷
收集时间：2021 年　　　　　　收集地点：山西省临汾市古县北平镇圪台村
主要特征特性：侧密穗型，绿色花序，粒色红，米色黄；籽粒千粒重 8.2g，属大粒品种，糯性，生育期 103d，属中熟品种。因生育期较短，宜复播。籽粒品质好，黏性强，是地方小吃黄米饭、油炸糕等特色食品的良好食材。

图 9-37　红糜子（P141025048）

9.38 白糜子（黍）

采集编号：P141025052　　　　科：禾本科　　属：黍属　　　　种：黍稷
收集时间：2021 年　　　　　　收集地点：山西省临汾市古县石壁乡石壁村
主要特征特性：侧密穗型，绿色花序，粒色白，米色黄；籽粒千粒重 7.5g，糯性，生育期 124d，属极晚熟品种。田间抗病、抗旱、耐贫瘠。黍米黏性强，是地方小吃黄米饭和油炸糕等特色食品的良好食材。

图 9-38　白糜子（P141025052）

9.39 野生黑糜子

采集编号：P141030012 　　　科：禾本科　　　属：黍属　　　　　种：黍稷
收集时间：2020 年 　　　收集地点：山西省临汾市大宁县太德乡美垣村
主要特征特性：侧散穗型，绿色花序，粒色褐，米色黄；籽粒千粒重 4.9g，粳性，生育期 100d，属中熟品种。植株耐旱、耐瘠薄，可春播或麦茬复播。田间易落粒，籽粒耐储存，产量较低，品质较差。

图 9-39　野生黑糜子（P141030012）

9.40 红软糜子

采集编号：P141030014 　　　科：禾本科　　　属：黍属　　　　　种：黍稷
收集时间：2020 年 　　　收集地点：山西省临汾市大宁县太德乡龙吉村
主要特征特性：侧密穗型，紫色花序，粒色红，米色黄；籽粒千粒重 8.2g，属大粒品种，糯性，生育期 110d，属晚熟品种。当地种植历史悠久，丰产性好。籽粒主要用于做软米饭、油炸糕，软糯可口。

图 9-40　红软糜子（P141030014）

9.41 白糜子（黍）

采集编号：P141024031　　　　　科：禾本科　　　属：黍属　　　　　种：黍稷
收集时间：2020 年　　　　　　　收集地点：山西省临汾市洪洞县曲亭镇上峪村
主要特征特性：侧密穗型，绿色花序，粒色白，米色黄；籽粒千粒重 7.0g，糯性，生育期 127d，属极晚熟品种。田间抗旱、耐贫瘠。籽粒品质好，做蒸饭较软黏，香味浓，适口性好。

图 9-41　白糜子（P141024031）

9.42 红糜子（黍）

采集编号：P141024032　　　　　科：禾本科　　　属：黍属　　　　　种：黍稷
收集时间：2020 年　　　　　　　收集地点：山西省临汾市洪洞县万安镇垣上村
主要特征特性：侧密穗型，绿色花序，粒色红，米色黄；籽粒千粒重 8.4g，属大粒品种，糯性，生育期 115d，属晚熟品种。田间抗旱、耐贫瘠、抗病。米粒做蒸饭软、黏、香，适口性好。

图 9-42　红糜子（P141024032）

9.43 糜黍

采集编号：2022142105　　　　　　科：禾本科　　　属：黍属　　　　　种：黍稷
收集时间：2022 年　　　　　　　　收集地点：山西省临汾市洪洞县万安镇垣上村
主要特征特性：侧穗型，绿色花序，粒色红，米色淡黄；籽粒千粒重 8.4g，属大粒品种，糯性，生育期 112d，属于晚熟品种。当地 5 月底播种，10 月收获。抗旱、耐瘠。籽粒口感软糯，宜做黏糕食用。

图 9-43　糜黍（2022142105）

9.44 红黍子

采集编号：2022142111　　　　　　科：禾本科　　　属：黍属　　　　　种：黍稷
收集时间：2022 年　　　　　　　　收集地点：山西省临汾市洪洞县山目乡杏腰村
主要特征特性：侧穗型，绿色花序，粒色红，米色黄；籽粒千粒重 8.0g，属大粒品种，糯性，生育期 109d，属于中熟品种。当地芒种播种，秋分收获。抗旱、耐瘠。籽粒品质优，口感好。

图 9-44　红黍子（2022142111）

9.45 黍子

采集编号：2022142118　　　　科：禾本科　　属：黍属　　　　种：黍稷

收集时间：2022 年　　　　　　收集地点：山西省临汾市洪洞县万安镇圈头村

主要特征特性：侧穗型，绿色花序，粒色红，米色黄；籽粒千粒重 8.0g，属大粒品种，糯性，生育期 110d，属于晚熟品种。当地小满播种，秋分收获。抗旱、耐瘠。米粒口感软糯。

图 9-45　黍子（2022142118）

9.46 白糜黍

采集编号：2022142142　　　　科：禾本科　　属：黍属　　　　种：黍稷

收集时间：2022 年　　　　　　收集地点：山西省临汾市洪洞县刘家垣镇陈村

主要特征特性：侧穗型，绿色花序，粒色白，米色黄；籽粒千粒重 6.9g，糯性，生育期 119d，属于晚熟品种。当地谷雨播种，秋分收获。抗旱、耐瘠，出米率高。米粒质优，用于做糕软糯。

图 9-46　白糜黍（2022142142）

9.47 红糜黍

采集编号：2022142143　　　　　　科：禾本科　　属：黍属　　　　种：黍稷

收集时间：2022 年　　　　　　　　收集地点：山西省临汾市洪洞县刘家垣镇陈村

主要特征特性：侧穗型，绿色花序，粒色红，米色黄；籽粒千粒重 8.1g，属大粒品种，糯性，生育期 110d，属于晚熟品种。当地谷雨播种，秋分收获。抗旱、耐瘠。籽粒皮厚，出米率低，米粒糯性好。

图 9-47　红糜黍（2022142143）

9.48 白糜子（黍）

采集编号：2022142180　　　　　　科：禾本科　　属：黍属　　　　种：黍稷

收集时间：2022 年　　　　　　　　收集地点：山西省临汾市洪洞县曲亭镇吉家垣村

主要特征特性：侧穗型，绿色花序，粒色白，米色黄；籽粒千粒重 7.3g，糯性，生育期 113d，属于晚熟品种。当地芒种播种，秋分收获。抗旱、耐瘠。籽粒皮薄，出米率高。米粒质优，口感好。

图 9-48　白糜子（2022142180）

9.49 红糜子（黍）

采集编号：2022142181 　　　　　　科：禾本科　　　属：黍属　　　　种：黍稷
收集时间：2022 年　　　　　　　　收集地点：山西省临汾市洪洞县曲亭镇吉家垣村
主要特征特性：侧穗型，绿色花序，粒色红，米色黄；籽粒千粒重 7.6g，糯性，生育期 107d，属于中熟品种。当地芒种播种，秋分收获。抗旱、耐瘠。籽粒质优，做黏糕用口感好。

图 9-49　红糜子（2022142181）

9.50 红软黍

采集编号：2022142183 　　　　　　科：禾本科　　　属：黍属　　　　种：黍稷
收集时间：2022 年　　　　　　　　收集地点：山西省临汾市洪洞县曲亭镇李家垣村
主要特征特性：侧穗型，绿色花序，粒色红，米色黄；籽粒千粒重 8.4g，属大粒品种，糯性，生育期108d，属于中熟品种。当地小满播种，秋分收获。抗旱、耐瘠。籽粒做糕软糯味香。

图 9-50　红软黍（2022142183）

9.51 白糜子（黍）

采集编号：2022142190　　　　　科：禾本科　　　属：黍属　　　　种：黍稷
收集时间：2022 年　　　　　　　收集地点：山西省临汾市洪洞县苏堡镇原上村
主要特征特性：侧穗型，绿色花序，粒色白，米色黄；籽粒千粒重 7.2g，糯性，生育期 125d，属于特晚熟品种。当地立夏播种，秋分收获。抗旱、耐瘠，出米率高。籽粒质优，做糕软糯。

图 9-51　白糜子（2022142190）

9.52 红糜子（黍）

采集编号：2022142191　　　　　科：禾本科　　　属：黍属　　　　种：黍稷
收集时间：2022 年　　　　　　　收集地点：山西省临汾市洪洞县苏堡镇原上村
主要特征特性：侧穗型，绿色花序，粒色红，米色黄；籽粒千粒重 8.1g，属大粒品种，糯性，生育期 108d，属于中熟品种。当地夏至播种，秋分收获。抗旱、耐瘠。籽粒糕用，口感软糯。

图 9-52　红糜子（2022142191）

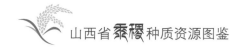
9.53 黏米黍（黑米黍）

采集编号：P141026002　　　　　　科：禾本科　　　属：黍属　　　　　种：黍稷
收集时间：2020 年　　　　　　　　收集地点：山西省临汾市安泽县府城镇凤池村
主要特征特性：侧穗型，紫色花序，粒色褐，米色黄；籽粒千粒重 7.1g，糯性，生育期 115d，属晚熟品种。抗逆性强，适应性广，在平川水地、丘陵山地均可种植。米质黏糯，是地方小吃黄米饭和油炸糕等特色食品的良好食材。

图 9-53　黏米黍（P141026002）

9.54 黍稷

采集编号：P141026019　　　　　　科：禾本科　　　属：黍属　　　　　种：黍稷
收集时间：2020 年　　　　　　　　收集地点：山西省临汾市安泽县马壁镇马壁村
主要特征特性：侧散穗型，绿色花序，粒色黄，米色黄；籽粒千粒重 6.6g，粳性，生育期 120d，属极晚熟品种。对光照反应敏感，苗期遇阴雨生长不良。籽粒主要做米饭食用。

图 9-54　黍稷（P141026019）

9.55 糜黍

采集编号：2023145004 　　　　科：禾本科 　　属：黍属 　　　　种：黍稷
收集时间：2023 年 　　　　　收集地点：山西省临汾市安泽县府城镇李垣村
主要特征特性：侧穗型，绿色花序，粒色白，米色黄；籽粒千粒重 5.8g，糯性，生育期 120d，属于晚熟品种。当地夏至播种，秋分收获。抗旱、耐瘠，出米率高。籽粒口感软糯，主要用于做油炸糕、蒸糯米饭和包粽子。

图 9-55　糜黍（2023145004）

9.56 黑糜黍

采集编号：2023145007 　　　　科：禾本科 　　属：黍属 　　　　种：黍稷
收集时间：2023 年 　　　　　收集地点：山西省临汾市安泽县府城镇小黄村
主要特征特性：侧穗型，绿色花序，粒色褐，米色黄；籽粒千粒重 7.2g，糯性，生育期 109d，属于中熟品种。当地夏至播种，白露后收获。抗旱、耐瘠。籽粒适宜做油炸糕、软米饭等，口感香糯。

图 9-56　黑糜黍（2023145007）

9.57 黍稷（黍）

采集编号：2023145035　　　　　　科：禾本科　　　属：黍属　　　　种：黍稷
收集时间：2023 年　　　　　　　　收集地点：山西省临汾市安泽县冀氏镇沟口村
主要特征特性：侧穗型，紫色花序，粒色白，米色黄；籽粒千粒重 7.5g，糯性，生育期 106d，属于中熟品种。当地夏至播种，国庆后收获。抗旱、耐瘠，出米率高。米粒口感软糯，是做糯米饭、黏糕的好食材。

图 9-57　黍稷（2023145035）

9.58 黑糜黍

采集编号：2023145049　　　　　　科：禾本科　　　属：黍属　　　　种：黍稷
收集时间：2023 年　　　　　　　　收集地点：山西省临汾市安泽县冀氏镇马寨村
主要特征特性：侧穗型，紫色花序，粒色褐，米色黄；籽粒千粒重 7.1g，糯性，生育期 109d，属于中熟品种。当地夏至播种，秋分收获。抗旱、耐瘠。籽粒主要用于做油炸糕、包粽子、蒸糯米饭等。

图 9-58　黑糜黍（2023145049）

9.59 黑糜黍

采集编号：2023145054　　　　　科：禾本科　　　属：黍属　　　　　种：黍稷
收集时间：2023 年　　　　　　　收集地点：山西省临汾市安泽县马壁镇郎寨村
主要特征特性：侧穗型，绿色花序，粒色褐，米色淡黄；籽粒千粒重 7.4g，糯性，生育期 106d，属于中熟品种。当地夏至播种，秋分收获。抗旱、耐瘠，不抗倒伏。籽粒主要用于做油炸糕、包粽子、蒸糯米饭等，口感软糯。

图 9-59　黑糜黍（2023145054）

9.60 黏糜黍

采集编号：2023145074　　　　　科：禾本科　　　属：黍属　　　　　种：黍稷
收集时间：2023 年　　　　　　　收集地点：山西省临汾市安泽县良马镇桑曲村
主要特征特性：侧穗型，绿色花序，粒色白，米色黄；籽粒千粒重 7.9g，糯性，生育期 121d，属于极晚熟品种。抗旱、耐瘠，秆高不抗倒伏。籽粒口感软糯，味道好。

图 9-60　黏糜黍（2023145074）

9.61 红糜黍

采集编号：2023145097　　　　　　科：禾本科　　　属：黍属　　　　种：黍稷
收集时间：2023 年　　　　　　　　收集地点：山西省临汾市安泽县和川镇安上村
主要特征特性：侧穗型，紫色花序，粒色红，米色黄；籽粒千粒重 7.5g，糯性，生育期 116d，属于晚熟品种。当地谷雨后播种，秋分收获。抗旱、耐瘠。米粒口感软、黏，主要用于做油炸糕、包粽子、蒸糯米饭等。

图 9-61　红糜黍（2023145097）

9.62 硬黍子（稷）

采集编号：P141028001　　　　　　科：禾本科　　　属：黍属　　　　种：黍稷
收集时间：2020 年　　　　　　　　收集地点：山西省临汾市吉县吉昌镇兰古庄村
主要特征特性：侧穗型，绿色花序，粒色白，米色黄；籽粒千粒重 7.4g，粳性，生育期 120d，属极晚熟品种。田间耐旱、耐瘠薄，可春播或夏播。成熟籽粒耐储存，在当地常做摊黄食用。

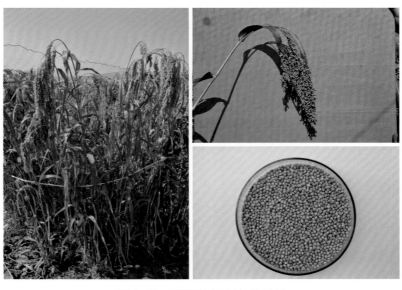

图 9-62　硬黍子（P141028001）

9.63 软黍子

采集编号：P141028002　　　　　科：禾本科　　　属：黍属　　　种：黍稷
收集时间：2020 年　　　　　　收集地点：山西省临汾市吉县吉昌镇兰古庄村
主要特征特性：侧穗型，紫色花序，粒色红，米色黄；籽粒千粒重 8.6g，属大粒品种，糯性，生育期 120d，属极晚熟品种。田间耐旱、耐瘠薄。可春播或麦茬复播，产量高。籽粒耐储存，在当地常做黏糕食用。

图 9-63　软黍子（P141028002）

9.64 黄软黍

采集编号：P141028003　　　　　科：禾本科　　　属：黍属　　　种：黍稷
收集时间：2020 年　　　　　　收集地点：山西省临汾市吉县文城乡文城村
主要特征特性：侧密穗型，绿色花序，粒色黄，米色黄；籽粒千粒重 6.8g，糯性，生育期 120d，属极晚熟品种。产量高，成熟籽粒耐储存，是当地做黏糕的首选优质原料。

图 9-64　黄软黍（P141028003）

9.65 软黍子

采集编号：P141028035　　　　　科：禾本科　　属：黍属　　　　种：黍稷
收集时间：2022 年　　　　　　　收集地点：山西省临汾市吉县吉昌镇兰古庄村
主要特征特性：侧穗型，紫色花序，粒色红，米色黄；籽粒千粒重 8.2g，属大粒品种，糯性，生育期 95d，属早熟品种。抗逆性好，抗病、产量高。籽粒糯性好，一般做油炸糕食用，也用来装枕头、褥子等。

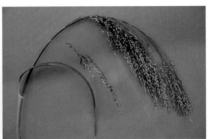

图 9-65　软黍子（P141028035）

9.66 软糜子

采集编号：P141002044　　　　　科：禾本科　　属：黍属　　　　种：黍稷
收集时间：2021 年　　　　　　　收集地点：山西省临汾市尧都区一平垣乡罗家圪垛村
主要特征特性：侧密穗型，绿色花序，粒色红，米色黄；籽粒千粒重 8.2g，属大粒品种，糯性，生育期 103d，属中熟品种。在当地麦收后可复播，籽粒品质糯黏，制作黏糕风味独特。

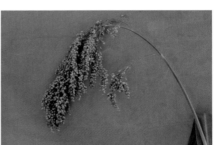

图 9-66　软糜子（P141002044）

9.67 黑黍子

采集编号：P141029006　　　　　科：禾本科　　　属：黍属　　　　种：黍稷

收集时间：2020 年　　　　　　　收集地点：山西省临汾市乡宁县昌宁镇石碣村

主要特征特性：侧密穗型，紫色花序，粒色褐，米色淡黄；籽粒千粒重 8.5g，属大粒品种，糯性，生育期 108d，属中熟品种。丰产性好，籽粒糯性好，品质优，当地常用来做黄糕和酿酒。

图 9-67　黑黍子（P141029006）

9.68 软黍子

采集编号：P141027026　　　　　科：禾本科　　　属：黍属　　　　种：黍稷

收集时间：2020 年　　　　　　　收集地点：山西省临汾市浮山县米家垣乡遆树凹村

主要特征特性：侧密穗型，紫色花序，粒色红，米色黄；籽粒千粒重 7.8g，糯性，生育期 120d，属晚熟品种。该品种一般种植在山区，耐旱性强。种植历史悠久，目前濒临灭绝。当地人用黍米做软豆包，蒸熟后软、糯、香。穗子可以做笤帚。

图 9-68　软黍子（P141027026）

9.69 黍谷

采集编号：P141022052　　　　科：禾本科　　属：黍属　　　　种：黍稷
收集时间：2020 年　　　　　　收集地点：山西省临汾市翼城县中卫乡石佛村
主要特征特性：侧穗型，绿色花序，粒色黄，米色黄；籽粒千粒重 7.4g，粳性，生育期 117d，属晚熟品种。抗旱性强，一般种植在山区，在当地种植面积很小，处于濒临灭绝状态。籽粒做米饭用，品质很好。

图 9-69　黍谷（P141022052）

9.70 黍子

采集编号：2022141013　　　　科：禾本科　　属：黍属　　　　种：黍稷
收集时间：2022 年　　　　　　收集地点：山西省临汾市翼城县桥上镇下交村
主要特征特性：5 月中旬播种，秋分收获。抗旱、耐瘠，不抗寒。穗子可以做扫床笤帚。（繁种未出苗，资料来源于采集地）

图 9-70　黍子（2022141013）

9.71 黍谷

采集编号：2022141020　　　　　科：禾本科　　　属：黍属　　　　种：黍稷
收集时间：2022 年　　　　　　　收集地点：山西省临汾市翼城县桥上镇大阳院村
主要特征特性：侧散穗型，绿色花序，粒色淡黄，米色黄；籽粒千粒重 7.5g，粳性，生育期 115d，属于晚熟品种。当地 5 月中旬播种，秋分收获。抗旱、耐瘠、抗寒。籽粒主要用于蒸馒头、窝窝头等食用，口感好。

图 9-71　黍谷（2022141020）

9.72 软黍子

采集编号：2022141029　　　　　科：禾本科　　　属：黍属　　　　种：黍稷
收集时间：2022 年　　　　　　　收集地点：山西省临汾市翼城县西闫镇大河村
主要特征特性：侧穗型，绿色花序，粒色白，米色黄；籽粒千粒重 7.2g，糯性，生育期 115d，属于晚熟品种。当地谷雨播种，秋分收获。抗旱、耐瘠。籽粒做油炸糕，筋软、味香。穗子可做笤帚。

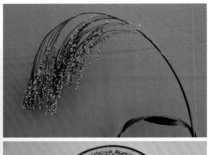

图 9-72　软黍子（2022141029）

9.73 硬黍子（稷）

采集编号：2022141038　　　　　　科：禾本科　　　属：黍属　　　　　种：黍稷
收集时间：2022 年　　　　　　　　收集地点：山西省临汾市翼城县西闫镇西闫村
主要特征特性：侧穗型，绿色花序，粒色黄，米色黄；籽粒千粒重 7.4g，粳性，生育期 118d，属于晚熟品种。当地 5 月下旬播种，秋分收获。抗旱、耐瘠，不抗倒伏。籽粒主要用于蒸馒头、窝窝头等食用。

图 9-73　硬黍子（2022141038）

9.74 灰黍子（稷）

采集编号：2022141046　　　　　　科：禾本科　　　属：黍属　　　　　种：黍稷
收集时间：2022 年　　　　　　　　收集地点：山西省临汾市翼城县西闫镇兴石村
主要特征特性：侧穗型，绿色花序，粒色灰，米色黄；籽粒千粒重 7.2g，粳性，生育期 116d，属于晚熟品种。当地 5 月中旬播种，秋分收获。抗旱、耐瘠。籽粒熬粥味道香。

图 9-74　灰黍子（2022141046）

9.75 黄黍子（稷）

采集编号：2022141047	科：禾本科	属：黍属	种：黍稷
收集时间：2022 年	收集地点：山西省临汾市翼城县西闫镇兴石村		

主要特征特性：侧穗型，绿色花序，粒色黄，米色黄；籽粒千粒重 7.3g，粳性，生育期 118d，属于晚熟品种。当地 5 月中旬播种，秋分收获。抗旱、耐瘠。籽粒熬粥味道香。

图 9-75 黄黍子（2022141047）

9.76 黄软黍

采集编号：2022141059	科：禾本科	属：黍属	种：黍稷
收集时间：2022 年	收集地点：山西省临汾市翼城县中卫乡南北绛村		

主要特征特性：籽粒黄色；6 月上旬播种，秋分收获。抗旱、耐瘠。面软糯，做油炸糕口感好。穗子可以做笤帚。（繁种未出苗，资料来源于采集地）

图 9-76 黄软黍（2022141059）

9.77 红软黍

采集编号：2022141060　　　科：禾本科　　属：黍属　　　种：黍稷
收集时间：2022 年　　　　收集地点：山西省临汾市翼城县中卫乡南北绛村
主要特征特性：籽粒红色；6 月上旬播种，秋分收获。抗旱、耐瘠。面软糯，做油炸糕口感好。穗子可以做笤帚。（繁种未出苗，资料来源于采集地）

图 9-77　红软黍（2022141060）

9.78 白黍子

采集编号：2022141076　　　科：禾本科　　属：黍属　　　种：黍稷
收集时间：2022 年　　　　收集地点：山西省临汾市翼城县中卫乡南张坡村
主要特征特性：侧穗型，绿色花序，粒色白，米色淡黄；籽粒千粒重 7.2g，糯性，生育期 111d，属于晚熟品种。当地 6 月 10 日左右播种，10 月初收获。抗旱、耐瘠。籽粒适宜做油炸糕食用。穗子可做笤帚。

图 9-78　白黍子（2022141076）

9.79 黑黍子（穄）

采集编号：2022141083　　　　　科：禾本科　　　属：黍属　　　　　种：黍穄

收集时间：2022 年　　　　　　　收集地点：临汾市翼城县隆化镇隆华村

主要特征特性：侧散穗型，绿色花序，粒色褐，米色黄；籽粒千粒重 6.5g，粳性，生育期 115d，属于晚熟品种。当地芒种播种，秋分后收获。抗旱、耐瘠，不抗倒伏。穗子可以做笤帚，籽粒磨面可以做煎馍。

图 9-79　黑黍子（2022141083）

9.80 黄黍子（穄）

采集编号：2022141100　　　　　科：禾本科　　　属：黍属　　　　　种：黍穄

收集时间：2022 年　　　　　　　收集地点：山西省临汾市翼城县南梁镇南岭村

主要特征特性：侧散穗型，绿色花序，粒色黄，米色黄；籽粒千粒重 7.2g，粳性，生育期 111d，属于晚熟品种。当地 5 月上旬播种，秋分收获。抗旱、耐瘠，不抗倒伏。穗子可以做笤帚，籽粒磨面可以做煎馍。

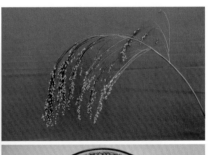

图 9-80　黄黍子（2022141100）

十、晋城市

10.1 红软黍

采集编号：P140521006　　　　　科：禾本科　　属：黍属　　　　　种：黍稷

收集时间：2020 年　　　　　　　收集地点：山西省晋城市沁水县十里乡范庄村

主要特征特性：侧密穗型，紫色花序，粒色红，米色黄；籽粒千粒重 8.2g，属大粒品种，糯性，生育期 110d，属晚熟品种。田间生长势强，耐贫瘠。丰产性好，是平川水地的推广利用品种。

图 10-1　红软黍（P140521006）

10.2 黑软黍

采集编号：P140521010　　　　　科：禾本科　　属：黍属　　　　　种：黍稷

收集时间：2020 年　　　　　　　收集地点：山西省晋城市沁水县柿庄镇下泊村

主要特征特性：糯性，品质优良，抗逆性强。（繁种未出苗，资料来源于采集地）

图 10-2　黑软黍（P140521010）

10.3 黄黍

采集编号：P140521034　　　　　　科：禾本科　　　属：黍属　　　　种：黍稷
收集时间：2020 年　　　　　　　　收集地点：山西省晋城市沁水县张村乡瑶沟村
主要特征特性：侧散穗型，绿色花序，粒色黄，米色黄；籽粒千粒重 6.5g，糯性，生育期 108d，属中熟品种。丰产、优质，是当地黏糕用优良品种。

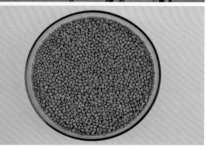

图 10-3　黄黍（P140521034）

10.4 黑黍子

采集编号：2021142407　　　　　　科：禾本科　　　属：黍属　　　　种：黍稷
收集时间：2021 年　　　　　　　　收集地点：山西省晋城市沁水县樊村河乡樊村
主要特征特性：侧穗型，绿色花序，粒色褐，米色黄；籽粒千粒重 7.1g，糯性，生育期 84d，属于特早熟品种。可作为救灾补种品种利用，丰产性好。黍米以做黏糕和糯米饭食用为主。

图 10-4　黑黍子（2021142407）

10.5 白黍子

采集编号：2021142411　　　　　　科：禾本科　　　属：黍属　　　　　种：黍稷
收集时间：2021 年　　　　　　　　收集地点：山西省晋城市沁水县樊村河乡樊村
主要特征特性：侧穗型，绿色花序，籽粒颜色为白色，米色黄；籽粒千粒重 6.7g，糯性，生育期 102d，属于中熟品种。丰产性好，黍米食用软糯，以做油炸糕食用为主。

图 10-5　白黍子（2021142411）

10.6 白黍子

采集编号：2021142424　　　　　　科：禾本科　　　属：黍属　　　　　种：黍稷
收集时间：2021 年　　　　　　　　收集地点：山西省晋城市沁水县土沃乡土沃村
主要特征特性：清明播种，白露收获。抗旱、耐瘠。黍米口感好。（繁种未出苗，资料来源于采集地）

图 10-6　白黍子（2021142424）

10.7 黄黍子（稷）

采集编号：2021142462　　　　　科：禾本科　　　属：黍属　　　　种：黍稷

收集时间：2021 年　　　　　　收集地点：山西省晋城市沁水县固县乡司庄村

主要特征特性：侧散穗型，绿色花序，粒色黄，米色黄；籽粒千粒重 6.2g，粳性，生育期 84d，属于特早熟品种，可作为救灾补种品种利用。籽粒作为米饭和煎饼的主要食材。

图 10-7　黄黍子（2021142462）

10.8 黑黍子

采集编号：2021142463　　　　　科：禾本科　　　属：黍属　　　　种：黍稷

收集时间：2021 年　　　　　　收集地点：山西省晋城市沁水县固县乡司庄村

主要特征特性：清明播种，白露收获。抗旱、耐瘠，黍米口感好。（繁种未出苗，资料来源于采集地）

图 10-8　黑黍子（2021142463）

10.9 黄软黍

采集编号：2021142467　　　　　科：禾本科　　　属：黍属　　　　种：黍稷

收集时间：2021 年　　　　　　　收集地点：山西省晋城市沁水县固县乡元上村

主要特征特性：清明播种，秋分收获。抗旱、耐瘠，黍米口感好。（繁种未出苗，资料来源于采集地）

图 10-9　黄软黍（2021142467）

10.10 红黍子

采集编号：2021142468　　　　　科：禾本科　　　属：黍属　　　　种：黍稷

收集时间：2021 年　　　　　　　收集地点：山西省晋城市沁水县十里乡宋家村

主要特征特性：侧穗型，紫色花序，粒色红，米色黄；籽粒千粒重 8.0g，属大粒品种，糯性，生育期 110d，属于晚熟品种。丰产性好，是当地黏糕用主要品种。

图 10-10　红黍子（2021142468）

10.11 黄黍子（稷）

采集编号：2021142475　　　　　科：禾本科　　　属：黍属　　　　种：黍稷
收集时间：2021 年　　　　　　　收集地点：山西省晋城市沁水县十里乡宋家村
主要特征特性：侧散穗型，绿色花序，粒色黄，米色黄；籽粒千粒重 6.9g，粳性，生育期 94d，属于早熟品种。籽粒主要做米饭和发糕食用。

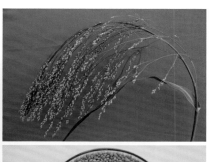

图 10-11　黄黍子（2021142475）

10.12 硬黄黍

采集编号：2021142480　　　　　科：禾本科　　　属：黍属　　　　种：黍稷
收集时间：2021 年　　　　　　　收集地点：山西省晋城市沁水县十里乡宋家村
主要特征特性：清明播种，秋分收获。抗旱、耐瘠，黍米口感好。（繁种未出苗，资料来源于采集地）

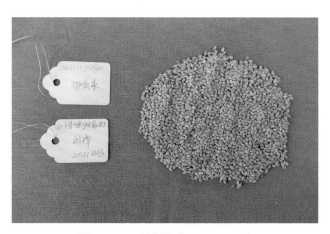

图 10-12　硬黄黍（2021142480）

10.13 白软黍

采集编号：P140581013　　　　　科：禾本科　　　属：黍属　　　　种：黍稷
收集时间：2020 年　　　　　　　收集地点：山西省晋城市高平市马村镇马村
主要特征特性：侧穗型，绿色花序，粒色白，米色黄；籽粒千粒重 6.5g，糯性，生育期 120d，属极晚熟品种。田间不抗倒伏，适宜中等肥力以下地块种植。黍米软糯，适宜做软米饭。穗子可加工笤帚。

图 10-13　白软黍（P140581013）

10.14 黄硬黍

采集编号：P140581014　　　　　科：禾本科　　　属：黍属　　　　种：黍稷
收集时间：2020 年　　　　　　　收集地点：山西省晋城市高平市马村镇马村
主要特征特性：侧穗型，绿色花序，粒色黄，米色黄；籽粒千粒重 7.2g，粳性，生育期 110d，属晚熟品种。抗逆性强，适应性广，产量一般，适宜中等肥力以下地块种植。黍米营养丰富，适宜加工面粉蒸馒头和发糕。穗子长，可加工笤帚。

图 10-14　黄硬黍（P140581014）

10.15 黑软黍

采集编号：P140581036　　　　　科：禾本科　　　属：黍属　　　　　种：黍稷
收集时间：2020年　　　　　　　收集地点：山西省晋城市高平市石末乡石末村
主要特征特性：侧穗型，绿色花序，粒色褐，米色黄；籽粒千粒重7.8g，糯性，生育期108d，属中熟品种。抗逆性强，适应性广，是当地主要的备荒救灾种源。米质黏软，适口性好。穗子可加工笤帚。

图 10-15　黑软黍（P140581036）

10.16 黑软黍

采集编号：P140581062　　　　　科：禾本科　　　属：黍属　　　　　种：黍稷
收集时间：2020年　　　　　　　收集地点：山西省晋城市高平市神农镇李家村
主要特征特性：侧穗型，绿色花序，粒色褐，米色黄；籽粒千粒重7.7g，糯性，生育期117d，属晚熟品种。抗逆性强，适应性广，不抗倒伏。米质软黏香甜，适宜做软米饭、包粽子。黍穗可加工笤帚。

图 10-16　黑软黍（P140581062）

10.17 白黍（硬）

采集编号：P140524007　　　　　科：禾本科　　　　属：黍属　　　　种：黍稷
收集时间：2020 年　　　　　　　收集地点：山西省晋城市陵川县六泉乡冶头村
主要特征特性：侧散穗型，绿色花序，粒色白，米色黄；籽粒千粒重 8.5g，属大粒品种，粳性，生育期 120d，属极晚熟品种。适应性强，一般肥力旱地均可种植。籽粒用于蒸馒头和发糕，穗子可加工笤帚。

图 10-17　白黍（P140524007）

10.18 红软黍

采集编号：P140524034　　　　　科：禾本科　　　　属：黍属　　　　种：黍稷
收集时间：2020 年　　　　　　　收集地点：山西省晋城市陵川县礼义镇瑞马村
主要特征特性：侧穗型，紫色花序，粒色红，米色黄；籽粒千粒重 7.7g，糯性，生育期 125d，属极晚熟品种。适应性广，耐贫瘠，抗逆性强，丰产性好。米质软糯，口感好，是当地黏糕用主栽品种。穗子可加工笤帚。

图 10-18　红软黍（P140524034）

10.19 白软黍

采集编号：P140524043　　　　科：禾本科　　属：黍属　　　　种：黍稷
收集时间：2020 年　　　　　　收集地点：山西省晋城市陵川县平城镇南坡村
主要特征特性：侧穗型，绿色花序，粒色白，米色黄；籽粒千粒重 6.8g，糯性，生育期 120d，属极晚熟品种。宜旱地种植，水地易倒伏。米质软糯，当地用于加工软米饭、包粽子。穗子可加工笤帚。

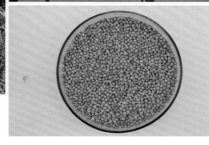

图 10-19　白软黍（P140524043）

10.20 黑软黍

采集编号：P140524045　　　　科：禾本科　　属：黍属　　　　种：黍稷
收集时间：2021 年　　　　　　收集地点：山西省晋城市陵川县西河底镇偏桥底村
主要特征特性：侧穗型，紫色花序，粒色褐，米色黄；籽粒千粒重 7.2g，糯性，生育期 94d，属早熟品种。综合抗逆性强，适应性广，丰产性好。黍米黏软香甜，适口性好，当地用于做软米饭、包粽子。穗子可加工笤帚。

图 10-20　黑软黍（P140524045）

10.21 黍子

采集编号：2021145120　　　　　　科：禾本科　　　属：黍属　　　　　　种：黍稷
收集时间：2021 年　　　　　　　　收集地点：山西省晋城市陵川县马圪当乡东石门村
主要特征特性：侧密穗型，绿色花序，粒色褐，米色黄；籽粒千粒重 7.4g，糯性，生育期 96d，属于早熟品种。丰产性好，黍米食用软糯，是当地油炸糕用优良品种。

图 10-21　黍子（2021145120）

10.22 黍子

采集编号：2021145131　　　　　　科：禾本科　　　属：黍属　　　　　　种：黍稷
收集时间：2021 年　　　　　　　　收集地点：山西省晋城市陵川县马圪当乡塔题掌村
主要特征特性：侧穗型，绿色花序，粒色褐，米色黄；籽粒千粒重 7.1g，糯性，生育期 101d，属于中熟品种。丰产性好，黍米食用软糯，是优良的黏糕用品种。

图 10-22　黍子（2021145131）

10.23 黏黍

采集编号：2021145142　　　　　　科：禾本科　　　属：黍属　　　　　种：黍稷

收集时间：2021 年　　　　　　　　收集地点：山西省晋城市陵川县西河底镇积善村

主要特征特性：侧穗型，紫色花序，粒色褐，米色黄；籽粒千粒重 7.4g，糯性，生育期 99d，属于早熟品种。丰产性好，黍米食用软糯，是当地群众喜食的油炸糕用品种。

图 10-23　黏黍（2021145142）

10.24 黄黍子（稷）

采集编号：2021145149　　　　　　科：禾本科　　　属：黍属　　　　　种：黍稷

收集时间：2021 年　　　　　　　　收集地点：山西省晋城市陵川县西河底镇积善村

主要特征特性：侧穗型，绿色花序，粒色黄，米色黄；籽粒千粒重 6.8g，粳性，生育期 93d，属于早熟品种。亩产 150kg 左右，是当地饭用主食品种，米粒也用于酸粥的制作。

图 10-24　黄黍子（2021145149）

10.25 黑黍

采集编号：2021145164　　　　科：禾本科　　属：黍属　　　　种：黍稷
收集时间：2021 年　　　　　　收集地点：山西省晋城市陵川县西河底镇秦山村
主要特征特性：侧密穗型，绿色花序，粒色褐，米色黄；籽粒千粒重 7.6g，糯性，生育期 94d，属于早熟品种。亩产 200kg 左右，是当地主要的调剂食粮。

图 10-25　黑黍（2021145164）

10.26 红黍（稷）

采集编号：2021145165　　　　科：禾本科　　属：黍属　　　　种：黍稷
收集时间：2021 年　　　　　　收集地点：山西省晋城市陵川县西河底镇秦山村
主要特征特性：侧穗型，绿色花序，粒色红，米色黄；籽粒千粒重 7.4g，粳性，生育期 89d，属于特早熟品种。亩产 200kg 左右，是当地米饭、折饼和发糕用品种。

图 10-26　红黍（2021145165）

10.27 黍黍子

采集编号：2021145184　　　　科：禾本科　　属：黍属　　　　种：黍稷
收集时间：2021 年　　　　　收集地点：山西省晋城市陵川县六泉乡六泉村
主要特征特性：侧密穗型，绿色花序，粒色褐，米色黄；籽粒千粒重 8.0g，属大粒品种，糯性，生育期 95d，属于早熟品种。丰产性好，黍米食用软糯，是当地黏糕用优良品种。

图 10-27　黑黍子（2021145184）

10.28 白黍子

采集编号：2021145195　　　　科：禾本科　　属：黍属　　　　种：黍稷
收集时间：2021 年　　　　　收集地点：山西省晋城市陵川县六泉乡冶头村
主要特征特性：侧穗型，绿色花序，粒色白，米色白；籽粒千粒重 6.6g，糯性，生育期 103d，属于中熟品种。是稀有的白米粒品种，籽粒食用软糯，是当地主要的调剂杂粮。

图 10-28　白黍子（2021145195）

10.29 红黍子

采集编号：2021145196　　　　科：禾本科　　属：黍属　　　　种：黍稷
收集时间：2021 年　　　　收集地点：山西省晋城市陵川县六泉乡冶头村
主要特征特性：侧穗型，紫色花序，粒色红，米色黄；籽粒千粒重 8.1g，属大粒品种，糯性，生育期 104d，属于中熟品种。丰产性好，籽粒品质软糯，是当地主要的黏糕用品种。

图 10-29　红黍子（2021145196）

10.30 黑软黍

采集编号：P140525005　　　　科：禾本科　　属：黍属　　　　种：黍稷
收集时间：2020 年　　　　收集地点：山西省晋城市泽州县北义城镇尹东村
主要特征特性：侧穗型，绿色花序，粒色褐，米色黄；籽粒千粒重 6.8g，糯性，生育期 115d，属晚熟品种。适宜各类土壤气候条件生长，不抗倒伏。黍米黏软香甜，适口性好，主要用于做软米饭、包粽子。穗子可加工笤帚。

图 10-30　黑软黍（P140525005）

10.31 红黍（稷）

采集编号：P140525079　　　　　科：禾本科　　　属：黍属　　　　种：黍稷
收集时间：2020 年　　　　　　　收集地点：山西省晋城市泽州县高都镇大泉河村
主要特征特性：侧散穗型，绿色花序，粒色红，米色黄；籽粒千粒重 7.8g，粳性，生育期 113d，属晚熟品种。当地种植历史悠久，是主要的备荒救灾种源。籽粒主要用于加工煎饼、馒头等食品。穗子可加工笤帚。

图 10-31　红黍（P140525079）

10.32 红软黍

采集编号：P140522013　　　　　科：禾本科　　　属：黍属　　　　种：黍稷
收集时间：2020 年　　　　　　　收集地点：山西省晋城市阳城县芹池镇候甲村
主要特征特性：侧散穗型，绿色花序，粒色褐，米色黄；籽粒千粒重 5.7g，糯性，生育期 108d，属中熟品种。抗旱、耐贫瘠。籽粒用于磨面蒸馒头。穗子可做笤帚。

图 10-32　红软黍（P140522013）

10.33 红黍子

采集编号：2021141518　　　　　科：禾本科　　　属：黍属　　　种：黍稷
收集时间：2021 年　　　　　　　收集地点：山西省晋城市阳城县河北镇南下庄村
主要特征特性：侧穗型，绿色花序，粒色褐，米色黄；籽粒千粒重 7.4g，糯性，生育期 110d，属于晚熟品种。田间长势旺盛，丰产性好。当地主要作为糯米饭用种。

图 10-33　红黍子（2021141518）

10.34 白黍子

采集编号：2021141528　　　　　科：禾本科　　　属：黍属　　　种：黍稷
收集时间：2021 年　　　　　　　收集地点：山西省晋城市阳城县河北镇南下庄村
主要特征特性：侧散穗型，绿色花序，粒色黄，米色白；籽粒千粒重 6.7g，糯性，生育期 104d，属于中熟品种。是稀有的白米粒品种，籽粒糯性好，当地以油炸糕食用为主。

图 10-34　白黍子（2021141528）

10.35 黍子（稷）

采集编号：2021141558　　　　科：禾本科　　　属：黍属　　　　种：黍稷
收集时间：2021 年　　　　　　收集地点：山西省晋城市阳城县蟒河镇押水村
主要特征特性：侧穗型，绿色花序，粒色灰，米色白；籽粒千粒重 6.1g，粳性，生育期 104d，属于中熟品种。为当地特有的白米粒品种，黍米主要做窝窝头、发糕等食用。

图 10-35　黍子（2021141558）

10.36 黍子（稷）

采集编号：2021141561　　　　科：禾本科　　　属：黍属　　　　种：黍稷
收集时间：2021 年　　　　　　收集地点：山西省晋城市阳城县蟒河镇上桑林村
主要特征特性：侧穗型，绿色花序，粒色灰，米色白；籽粒千粒重 6.5g，粳性，生育期 124d，属于特晚熟品种。为当地特有的白米粒品种，黍米主要做窝窝头、发糕等食用。

图 10-36　黍子（2021141561）

10.37 红黍子（稷）

采集编号：2021141571　　　　科：禾本科　　　属：黍属　　　种：黍稷
收集时间：2021 年　　　　　　收集地点：山西省晋城市阳城县蟒河镇台头村
主要特征特性：侧穗型，绿色花序，粒色红，米色黄；籽粒千粒重 8.0g，属大粒品种，粳性。生育期 99d，属于早熟品种。丰产性好，籽粒主要用于蒸发糕、摊煎饼食用。

图 10-37　红黍子（2021141571）

10.38 黑软黍（稷）

采集编号：2021141581　　　　科：禾本科　　　属：黍属　　　种：黍稷
收集时间：2021 年　　　　　　收集地点：山西省晋城市阳城县白桑镇南香台村
主要特征特性：侧散穗型，绿色花序，粒色为深灰色，米色黄；籽粒千粒重 4.6g，粳性，生育期 96d，属于早熟品种。落粒性强，产量低。籽粒主要用于蒸发糕、摊煎饼食用。

图 10-38　黑软黍（2021141581）

10.39 黍

采集编号：P140502016　　　　　　　科：禾本科　　　属：黍属　　　　　种：黍稷
收集时间：2020 年　　　　　　　　收集地点：山西省晋城市城区南村镇冶底村
主要特征特性：侧穗型，绿色花序，粒色白，米色白；籽粒千粒重 5.9g，糯性，生育期 94d，属早熟品种。籽粒品质优良、营养丰富，为稀有的白米粒品种，是当地多年主栽的黏糕用品种。

图 10-39　黍（P140502016）

十一、运城市

11.1 黍子

采集编号：P140824053　　　　　科：禾本科　　　属：黍属　　　　　种：黍稷
收集时间：2021 年　　　　　　　收集地点：山西省运城市稷山县西社乡肖家庄村
主要特征特性：粒色黄；糯性。当地老品种，能适应多种土壤，对肥力较差的砂土有较强的适应能力，耐盐碱能力也较强，如耕层内全盐量小于 0.3%，一般都能正常生长。对磷灰岩中磷的吸收力较弱。（繁种未出苗，资料来源于采集地）

图 11-1　黍子（P140824053）

11.2 白软黍

采集编号：P140882034　　　　　科：禾本科　　　属：黍属　　　　　种：黍稷
收集时间：2020 年　　　　　　　收集地点：山西省运城市河津市下化乡杜家湾村
主要特征特性：植株高 1.6～1.9m，粒色白；糯性。优质，抗旱，适应性广，耐贫瘠性好，产量较高。黍面做油炸糕口感好。（繁种未出苗，资料来源于采集地）

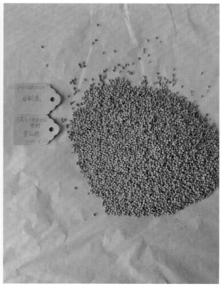

图 11-2　白软黍（P140882034）

11.3 硬黍

采集编号：2021141416　　　　　科：禾本科　　　属：黍属　　　　种：黍稷
收集时间：2021 年　　　　　　　收集地点：山西省运城市闻喜县阳隅乡上丁村
主要特征特性：芒种播种，秋分收获。优质、抗病、抗旱、耐贫瘠，黍米口感好。（繁种未出苗，资料来源于采集地）

图 11-3　硬黍（2021141416）

11.4 黑软黍

采集编号：2021141439　　　　　科：禾本科　　　属：黍属　　　　种：黍稷
收集时间：2021 年　　　　　　　收集地点：山西省运城市闻喜县阳隅乡丈八村
主要特征特性：侧穗型，绿色花序，粒色褐，米色黄；籽粒千粒重 8.1g，属大粒品种，糯性，生育期107d，属于中熟品种。丰产性好，黍米食用软糯，是当地油炸糕用的主栽品种。

图 11-4　黑软黍（2021141439）

11.5 软黍

采集编号：2021141461　　　　科：禾本科　　　属：黍属　　　　种：黍稷
收集时间：2021 年　　　　　　收集地点：山西省运城市闻喜县礼元镇昙泉村
主要特征特性：芒种种，处暑收。抗病、抗旱、耐贫瘠。籽粒优质，口感软糯。（繁种未出苗，资料
来源于采集地）

图 11-5　软黍（2021141461）

11.6 软黍

采集编号：2021141496　　　　科：禾本科　　　属：黍属　　　　种：黍稷
收集时间：2021 年　　　　　　收集地点：山西省运城市闻喜县裴社乡保安村
主要特征特性：侧穗型，绿色花序，粒色白，米色黄；籽粒千粒重 6.6g，糯性，生育期 89d，属于特
早熟品种，可麦茬复播。黍米食用软糯，当地主要做油炸糕食用。

图 11-6　软黍（2021141496）

11.7 白黍子

采集编号：P140822002　　　　科：禾本科　　　属：黍属　　　　种：黍稷
收集时间：2020 年　　　　收集地点：山西省运城市万荣县通化镇通化三村
主要特征特性：籽粒白色；优质，抗旱，适应性广，耐贫瘠。籽粒糯性，做熟食吃黏性大。也常用来做褥子、枕头芯，防止生褥疮。（繁种未出苗，资料来源于采集地）

图 11-7　白黍子（P140822002）

11.8 红黍子

采集编号：P140822003　　　　科：禾本科　　　属：黍属　　　　种：黍稷
收集时间：2020 年　　　　收集地点：山西省运城市万荣县通化镇通化村
主要特征特性：侧穗型，绿色花序，粒色红，米色黄；籽粒千粒重 7.5g，糯性，生育期 110d，属中熟品种。适应性好，抗旱、耐贫瘠、耐盐碱。当地主要用于麦茬复播，籽粒以做黏糕食用为主。

图 11-8　红黍子（P140822003）

11.9 黑黍子

采集编号：P140822039　　　　　科：禾本科　　　属：黍属　　　种：黍稷

收集时间：2020 年　　　　　　　收集地点：山西省运城市万荣县万泉乡桥头村

主要特征特性：侧穗型，绿色花序，粒色褐，米色黄；籽粒千粒重 7.4g，糯性，生育期 110d，属中熟品种。适应性广，抗旱、耐盐碱、耐贫瘠性好。当地主要用于麦茬复播，籽粒以做黏糕食用为主，也用于做褥子、枕头芯。

图 11-9　黑黍子（P140822039）

11.10 黍子

采集编号：2022142018　　　　　科：禾本科　　　属：黍属　　　种：黍稷

收集时间：2022 年　　　　　　　收集地点：山西省运城市垣曲县毛家湾镇南庄村

主要特征特性：籽粒黄色；6 月播种，10 月收获。抗旱、耐瘠。黍米食用口感好，味道香。（繁种未出苗，资料来源于采集地）

图 11-10　黍子（2022142018）

11.11 黍子（稷）

采集编号：2022142026　　　　科：禾本科　　　属：黍属　　　　种：黍稷
收集时间：2022 年　　　　　　收集地点：山西省运城市垣曲县毛家湾镇毛家村
主要特征特性：侧穗型，绿色花序，粒色淡黄，米色黄；籽粒千粒重 7.5g，粳性，生育期 116d，属于
晚熟品种。当地 5 月底播种，9 月收获。抗旱、耐瘠。黍米做米饭食用口感好，味道香。

图 11-11　黍子（2022142026）

11.12 红黍子

采集编号：2022142031　　　　科：禾本科　　　属：黍属　　　　种：黍稷
收集时间：2022 年　　　　　　收集地点：山西省运城市垣曲县毛家湾镇毛家村
主要特征特性：侧穗型，绿色花序，粒色红，米色黄；籽粒千粒重 8.2g，属大粒品种，糯性，生育期
112d，属于晚熟品种。当地 5 月底播种，9 月收获。抗旱、耐瘠。米粒适口性好，口感软糯。

图 11-12　红黍子（2022142031）

11.13 白软黍

采集编号：P140802039　　　　　科：禾本科　　属：黍属　　　　种：黍稷
收集时间：2020 年　　　　　　收集地点：山西省运城市盐湖区金井乡谢家营村
主要特征特性：侧穗型，绿色花序，粒色白，米色淡黄；籽粒千粒重 7.6g，糯性，生育期 110d，属中熟品种。抗病、耐贫瘠、耐盐碱、适应性强。籽粒品质优，是当地油炸糕用优良品种。

图 11-13　白软黍（P140802039）

11.14 红黍子

采集编号：P140828002　　　　　科：禾本科　　属：黍属　　　　种：黍稷
收集时间：2020 年　　　　　　收集地点：山西省运城市夏县庙前乡庙凹村
主要特征特性：粒色红；糯性。适应性强，抗虫、抗旱、耐盐碱、耐贫瘠性好。（繁种未出苗，资料来源于采集地）

图 11-14　红黍子（P140828002）

11.15 糜子

采集编号：P140828034　　　　科：禾本科　　属：黍属　　　　种：黍稷
收集时间：2020 年　　　　　　收集地点：山西省运城市夏县祁家河乡前坪村
主要特征特性：粒色白；粳性。耐盐碱和耐贫瘠性好。面粉摊煎饼口感好。（繁种未出苗，资料来源于采集地）

图 11-15　糜子（P140828034）

11.16 糜子

采集编号：P140881033　　　　科：禾本科　　属：黍属　　　　种：黍稷
收集时间：2020 年　　　　　　收集地点：山西省运城市永济市韩阳镇李巷村
主要特征特性：粒色黄；粳性。优质、抗旱、适应性广，耐瘠薄。糜米及糜子面可以制作多种小吃，风味各异。秸秆可以做饲料。（繁种未出苗，资料来源于采集地）

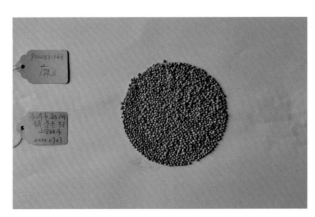

图 11-16　糜子（P140881033）

11.17 白黍子

采集编号：2022145131　　　　　　科：禾本科　　　属：黍属　　　　　种：黍稷
收集时间：2022 年　　　　　　　　收集地点：山西省运城市平陆县三门镇望原村
主要特征特性：侧散穗型，绿色花序，粒色黄，米色黄；籽粒千粒重 6.1g，糯性，生育期 95d，属于早熟品种。当地芒种播种，白露收获。抗旱、耐瘠。米粒味道香，适宜做糕。

图 11-17　白黍子（2022145131）

11.18 红黍子

采集编号：2022145132　　　　　　科：禾本科　　　属：黍属　　　　　种：黍稷
收集时间：2022 年　　　　　　　　收集地点：山西省运城市平陆县三门镇望原村
主要特征特性：侧穗型，紫色花序，粒色红，米色黄；籽粒千粒重 7.9g，糯性，生育期 103d，属于中熟品种。当地芒种播种，白露收获。抗旱、耐瘠。米粒品质好，口感软糯。

图 11-18　红黍子（2022145132）

11.19 黄糜子（黍）

采集编号：2022145143　　　　　　科：禾本科　　　属：黍属　　　　　种：黍稷

收集时间：2022 年　　　　　　　　收集地点：山西省运城市平陆县曹川镇下涧村

主要特征特性：小暑播种，秋分收获。抗旱、耐瘠。米粒口感软糯。（繁种未出苗，资料来源于采集地）

图 11-19　黄糜子（2022145143）

11.20 红黍子

采集编号：2022145196　　　　　　科：禾本科　　　属：黍属　　　　　种：黍稷

收集时间：2022 年　　　　　　　　收集地点：山西省运城市平陆县常乐镇东郑村

主要特征特性：芒种播种，秋分收获。抗旱、耐瘠。米粒口感软糯。（繁种未出苗，资料来源于采集地）

图 11-20　红黍子（2022145196）

11.21 红黍子

采集编号：P140830022　　　科：禾本科　　属：黍属　　　种：黍稷
收集时间：2020 年　　　　　收集地点：山西省运城市芮城县大王镇古仁村
主要特征特性：侧穗型，绿色花序，粒色红，米色淡黄；籽粒千粒重 7.1g，糯性，生育期 110d，属晚熟品种。抗旱性好、耐贫瘠，亩产量最高可达 300kg，当地主要用于麦茬复播。籽粒以做黏糕食用为主。

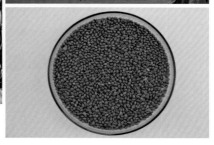

图 11-21　红黍子（P140830022）

11.22 黑黍子

采集编号：P140830024　　　科：禾本科　　属：黍属　　　种：黍稷
收集时间：2020 年　　　　　收集地点：山西省运城市芮城县阳城镇胡营村
主要特征特性：侧穗型，绿色花序，粒色褐，米色淡黄；籽粒千粒重 8.0g，属大粒品种，糯性，生育期 120d，属极晚熟品种。田间抗旱性好，耐贫瘠，产量较高。籽粒品质上好，是当地黏糕用优良品种。

图 11-22　黑黍子（P140830024）

11.23 糜子

采集编号：2022145012　　　　科：禾本科　　　属：黍属　　　　种：黍稷
收集时间：2022 年　　　　　　收集地点：山西省运城市芮城县学张乡窟垛村
主要特征特性：立夏播种，秋分收获。抗旱、耐瘠。糜米口感好。（繁种未出苗，资料来源于采集地）

图 11-23　糜子（2022145012）

11.24 黍子

采集编号：2022145031　　　　科：禾本科　　　属：黍属　　　　种：黍稷
收集时间：2022 年　　　　　　收集地点：山西省运城市芮城县阳城镇西尧村
主要特征特性：夏至播种，白露收获。抗旱、耐瘠。黍米做糕筋道，口感黏。（繁种未出苗，资料来源于采集地）

图 11-24　黍子（2022145031）

11.25 黑黍子

采集编号：2022145042　　　　　科：禾本科　　　属：黍属　　　　　种：黍稷
收集时间：2022 年　　　　　　　收集地点：山西省运城市芮城县阳城镇西尧村
主要特征特性：芒种播种，秋分收获。抗旱、耐瘠。黍米做糕口感好。（繁种未出苗，资料来源于采集地）

图 11-25　黑黍子（2022145042）

11.26 白糜子（黍）

采集编号：2022145043　　　　　科：禾本科　　　属：黍属　　　　　种：黍稷
收集时间：2022 年　　　　　　　收集地点：山西省运城市芮城县阳城镇西尧村
主要特征特性：芒种播种，秋分收获。抗旱、耐瘠。籽粒做糕软糯，口感好。（繁种未出苗，资料来源于采集地）

图 11-26　白糜子（2022145043）

11.27 黑黍子

采集编号：2022145045　　　　科：禾本科　　　属：黍属　　　种：黍稷

收集时间：2022 年　　　　　　收集地点：山西省运城市芮城县阳城镇胡营村

主要特征特性：小暑播种，秋分收获。抗旱、耐瘠。黍米适宜煮粥食用。（繁种未出苗，资料来源于采集地）

图 11-27　黑黍子（2022145045）

11.28 红黍子

采集编号：2022145057　　　　科：禾本科　　　属：黍属　　　种：黍稷

收集时间：2022 年　　　　　　收集地点：山西省运城市芮城县阳城镇江口村

主要特征特性：芒种播种，秋分收获。抗旱、耐瘠。黍米口感软糯，适宜做糕。（繁种未出苗，资料来源于采集地）

图 11-28　红黍子（2022145057）

11.29　黑黍子

采集编号：2022145079　　　　　　　科：禾本科　　　属：黍属　　　种：黍稷
收集时间：2022 年　　　　　　　　　收集地点：山西省运城市芮城县大王镇南㠇村
主要特征特性：侧穗型，绿色花序，粒色褐，米色黄；籽粒千粒重 7.4g，糯性，生育期 95d，属于早熟品种。当地芒种播种，秋分收获。抗旱、耐瘠。黍米口感软糯。

图 11-29　黑黍子（2022145079）

11.30　黍子

采集编号：2022145094　　　　　　　科：禾本科　　　属：黍属　　　种：黍稷
收集时间：2022 年　　　　　　　　　收集地点：山西省运城市芮城县陌南镇上坡村
主要特征特性：籽粒白色；当地谷雨播种，秋分收获。抗旱、耐瘠。籽粒磨面做油坨子，软糯可口。
（繁种未出苗，资料来源于采集地）

图 11-30　黍子（2022145094）

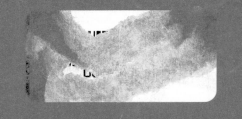